COCKTAIL TECHNIC

鸡尾酒技法全书

[日] 上田和男 著　　马文先生 译

中信出版集团 | 北京

图书在版编目（CIP）数据

鸡尾酒技法全书 / (日) 上田和男著 ; 马文先生译
. -- 北京 : 中信出版社 , 2023.8
书名原文 : Cocktail Technic
ISBN 978-7-5217-5663-0

Ⅰ . ①鸡… Ⅱ . ①上… ②马… Ⅲ . ①鸡尾酒－调制
技术 Ⅳ . ① TS972.19

中国国家版本馆 CIP 数据核字 (2023) 第 071321 号

鸡尾酒技法全书
著者：　[日] 上田和男
译者：　马文先生
出版发行：中信出版集团股份有限公司
（北京市朝阳区东三环北路 27 号嘉铭中心　邮编　100020）
承印者：　北京利丰雅高长城印刷有限公司

开本：880mm×1230mm　1/32　　印张：6.75　　字数：134 千字
版次：2023 年 8 月第 1 版　　印次：2023 年 8 月第 1 次印刷
京权图字：01–2021–4369　　书号：ISBN 978–7–5217–5663–0
定价：88.00 元

服务热线：400–600–8099
投稿邮箱：author@citicpub.com

目录

序 …… I

译者序 …… V

一 调酒基础知识

003 **欢迎走进鸡尾酒世界**

005 **调制美味鸡尾酒所需的心态**

鸡尾酒能传达调酒师的心声 …… 005

学会聚精会神 …… 006

参透客人的口味 …… 007

鸡尾酒亦有『道』 …… 009

014 **摇和法的技术**

硬摇法的特征和意象 …… 014

发明硬摇法的原委 …… 015

如何判断硬摇法是否到位 …… 016

凸显硬摇法优势的材料 …… 017

鸡尾酒上漂浮的细密冰晶 …… 018

实际操作

摇和法的步骤 …… 019

022 **搅拌法的技术**

搅拌法的特征 …… 022

搅拌法中的冰块 …… 022

搅拌法的意象 …… 023

搅拌法温度变化表 …… 024

实际操作

搅拌法的步骤 …… 025

028 **兑和法的技术**

三种兑和法 …… 028

让最后一口都美味如初 …… 030

实际操作

碳酸型——金汤力 …… 031

无碳酸型—锈钉 032
普斯咖啡型 032

033 **调酒的基本动作**

调酒师的动作亦能成就美味 033
职业调酒师的工作 034

实际操作

如何拿酒瓶 035
如何开瓶盖 035
如何计量酒量 036
如何凿冰块 037
用柠檬皮增香的步骤 039
如何拿酒杯 039
如何擦亮酒杯 039
渐变 040
雪霜杯 040
珊瑚杯 041
水果的切法 042

043 **无色蒸馏酒**

无色蒸馏酒轻盈的魅力 043
适用于硬摇法的无色蒸馏酒 044

047 **棕色蒸馏酒**

棕色蒸馏酒凸显鸡尾酒真谛 047
苏格兰威士忌的独特味道 048
波本威士忌的魅力 049
葡萄白兰地和苹果白兰地 049
各种威士忌与酒款相配的程度 050
黑朗姆的饮用方法 051

052 **利口酒**

利口酒的魅力 052
利口酒的定义和制作工艺 053

利口酒的特征……054
如何挑选利口酒……054

056 **调酒器具**

先有摇酒壶，还是先有搅拌杯？……056
摇酒壶的种类和功能……056
如何挑选摇酒壶……057
如何挑选搅拌杯……058

060 **鸡尾酒杯**

美味鸡尾酒的精彩配角……060

经典鸡尾酒

基酒为金酒

马天尼……064
吉布森……068
吉姆雷特……070
阿拉斯加……072
金比特……074
金汤力……076
白色佳人……078
吉姆雷特高球……080

基酒为白兰地

边车……082
史汀格……084
亚历山大……086
杰克玫瑰……088
白兰地酸酒……090

基酒为威士忌

曼哈顿……092
纽约……094
古典……096

基酒为伏特加

俄罗斯人 …… 098

咸狗 …… 100

莫斯科骡 …… 102

海风 …… 104

基酒为朗姆酒

得其利 …… 106

百加得 …… 108

冰冻得其利 …… 110

基酒为龙舌兰酒

玛格丽特 …… 112

基酒为利口酒

青草蜢 …… 114

瓦伦西亚 …… 116

查理·卓别林 …… 118

基酒为葡萄酒

贝里尼 …… 120

竹子 …… 122

皇家基尔 …… 124

摇和型酒款的分类 …… 126

自创鸡尾酒

128 **用奇妙的调色为鸡尾酒增添魅力**

130 **混色**

参赛作品

纯爱 …… 131

梦幻莱芒湖 …… 136

东京 …… 138

城市珊瑚 …… 140
国王谷 …… 142
嫉妒 …… 144
孤身一人 …… 146

日本的四季

春晓 …… 148
隅田川暮色 …… 150
早星 …… 152
惜秋 …… 154
雪落山茶 …… 156

珊瑚杯

宇宙珊瑚 …… 158
神泉珊瑚 …… 160
水晶珊瑚 …… 162
珊瑚 21 …… 164

其他

M-30 雨 …… 166
蓝色之旅 …… 168
香港随想 …… 170
渔夫与子 …… 172
丽波 …… 174
奇迹 …… 176
玛丽亚 · 艾伦娜 …… 178
拉海纳 45 …… 180
月亮河 …… 182
南国絮语 …… 184
M-45 昴 …… 186
草莓华章 …… 188
金雾 …… 190
TENDER 系列 …… 192

序

“二战”后，鸡尾酒作为一种西方文化的代表，和洋酒一起迅速融入日本社会。鸡尾酒热潮持续了二十余年，在东京奥运会召开的 1964 年迎来了鼎盛期。当时人们在街头巷尾享用鸡尾酒，甚至有不少人在家中挥舞起摇酒壶。

有人说，调制鸡尾酒是同时调动五种感观乃至第六感的瞬时艺术，蕴藏着无限的可能。

随着鸡尾酒文化扎根于日本社会，独特的日式调酒风格也迅速形成了。

日本人味觉敏锐，拥有独特的口味偏好，同时具备认真等特征鲜明的行事风格、国民性和民族气质，又生活在日本特定的自然环境中。在这些因素的影响下，日本人对口味和技术的追求达到极致，逐渐形成了独特的调味和调酒手法，而日式鸡尾酒的品质也逐渐稳固、提升。

二十年来，日本调酒师的技术水平大大提高，不断在世界级调酒大赛中胜出。

其原因之一可能是，越来越多的调酒师想调出更好喝的鸡尾酒、让客人笑逐颜开，并相信这样拼尽全力，定能深深打动客人。

鸡尾酒传入日本的时代已成为遥远的过去。现在，我们将把日式调酒技术推广到国外。

其中一个例子就是“硬摇法”（hard shake）。国外调酒师对我开创的硬摇法很感兴趣，请我去美国、俄罗斯等国讲学的邀约源源不断。2009 年 8 月，《纽约时报》也介绍了硬摇法。

此外，出版社也计划将大约十年前出版的本书前身《鸡尾酒技法全书》，作为调酒师的技术指南，译成英文在美国出版发行。

鸡尾酒调酒技术最初作为西方文化登陆日本，如今反而从日本推广向世界，真让人有恍如隔世之感。

而十年后的今天，为了向新一代调酒师传授鸡尾酒技术，《鸡尾酒技法全书》得以在修订后再次出版。

修订版保留了上一版中关于硬摇法技术及理念的内容，新增了我每年自创一款鸡尾酒而形成的 TENDER 系列作品[1]。

从前一版出版到现在已经过了十年。我发现硬摇法原本的理念和

---

1 TENDER 是上田和男 1997 年在银座开办的酒吧名。这系列作品的相关介绍见第 192 页。——译者注

最终的呈现形式之间还有分歧，或许我至今尚未说清其中真意。

大家再次阅读本书后，如果能充分意识到调酒理念（包括硬摇法的真正含义等）的重要性，将是我莫大的荣幸。

建议各位读者从事调酒行业之初，首先要充分领悟调酒的乐趣，同时要注意身体健康，虚心努力。这就是阅读本书的第一步。

上田和男

2010 年 3 月

译者序

我喜欢酒，尤其威士忌与鸡尾酒。前者是与酿酒师相隔几十年甚至百年的碰撞，后者则是与调酒师一整晚的默契交流。也因为这个爱好，我旅行时打卡了不少威士忌蒸馏厂、酒吧、收藏家的地标。

大概 20 年前,刚开始逛东京银座酒吧时发现了一件事:好酒吧的门都非常难找，哪怕是知名调酒师的店，好像故意让你找不到似的。就算找到地址，也会发现它们既没有醒目的招牌，又没有招呼客人的门脸，大门紧闭，一副“生人勿进”的模样。此后在世界各地旅行，发现类似的情况也不少。直到后来，一位银座的调酒师告诉了我原因：这么做是为了让进来的客人安心。能够进来的都是熟客，一切不相干的烦心事都被隔绝于门外。

推开厚重的门，面对的就是另一个世界：空间不大，没有窗户也没有钟，装修精致但不奢侈，爵士乐环绕，还有一位优秀的调酒师。如此这般，能带来整晚欢愉的元素就聚齐了。

银座调酒师中我很喜欢上田和男先生。不仅仅因为他是银座的著名调酒师，还因为在他的酒吧喝酒很有意思。那里除了独到的配方和调酒方法，还有不少原创鸡尾酒。一个雨夜我推开酒吧门坐下，喝了一杯 Gimlet（上田先生的招牌鸡尾酒）后，让这位 70 多岁的调酒师推荐下一杯。老先生知道我来自北京，他先是推辞："何德何能推荐……"在我的坚持下，他翻出了这本《鸡尾酒技法全书》，指着一页跟我说："来杯这个吧。"这杯酒特别应景，叫 M–30 雨。之后我又看了一遍电影《末代皇帝》，才发现和酒同名的配乐《雨》其实出现在婉容和溥仪闹离婚的片段。当年坂本龙一先生在这吧台上琢磨电影配乐时，也是同样的雨夜。他写下的《雨》成了 44 首配乐中的第 30 首，也是他最喜欢的一首。后来，上田先生为他特别调制了一杯原创鸡尾酒，并以此命名。可能是因为我在这个雨夜独自前来（或许以为我和女友吵架了），加上我是中国人，上田先生便认为我会喜欢这杯酒背后的故事。

恰逢疫情期间听闻上田先生的店无限期停业了……我以为再也喝不到先生调出的鸡尾酒了。于是向出版社推荐了这本《鸡尾酒技法全书》，并顺利引进，成为译者。本来日语不好的我有幸在翻译薛晓诞的帮助下完成此书中文翻译，又在北京的调酒师李冬燕、高鹏、鬼丸优子的指正下做了修正。在此书即将出版之际听闻一个好消息：上田先生的新店开业了！地址就在新版书中。希望大家也能找到自己喜欢的那杯鸡尾酒。

Marvin Fu

2021 年 10 月 13 日

调酒基础知识

欢迎走进
鸡尾酒世界

鸡尾酒是混合两种以上的材料调制而成的饮料。广义上来说，混合果汁也是鸡尾酒的一种，但本书将重点阐述使用酒类调制的饮料。

鸡尾酒在古代啤酒、葡萄酒诞生之初就已问世，但当时顶多把这些酒类用热水或冷水稀释后饮用。

鸡尾酒现在的形式出现不到120年。1879年，卡尔·冯·林德（Carl von Linde）在美国发明了压缩式制冷机，制冰变得更加便捷，从而促成了今日鸡尾酒的诞生。而在此后登场的加入冰块的早期鸡尾酒中，1888年美国人亨利·拉莫斯（Henry C. Ramos）首创的金菲士（Ramos Gin Fizz）可谓声名赫赫。

鸡尾酒虽然拥有大量酒谱，但在悠久的酒文化史中，还是一类较为年轻的饮品。

近些年，人们依旧喜好偏干口感，尽管最近这种趋势有所缓和，但无论从哪款鸡尾酒中，都能观察到这一偏好。以马天尼（Martini）为例，随着人们越来越偏好干型口感，味美思（Vermouth）的占比变得越来越低，更有“看着味美思酒瓶喝金酒”之类夸张的逸闻。还出现了不少酒谱，从鸡尾酒的本义来看不合常理，有过度标新立异之嫌。

顺带一提，我调制的马天尼的口感不是极端的干型。这是因为它的原型是金和义（Gin&It，用等量的干金酒和意大利出产的甜味美思调成的鸡尾酒，It 是 Italian 的缩写），而我认为它的美妙之处绝非金酒单体的美味，而在于和味美思融合后的独特风味。

让美味更上一层楼，从而深度彰显基酒的美味——这才是鸡尾酒的题中应有之义吧。

每种经典鸡尾酒都有基本酒谱。但是，由于调酒师的个人风格及调酒状况各异，无法调出两杯完全相同的鸡尾酒，这也是鸡尾酒的魅力所在。也就是说，有 100 位调酒师，就能调出 100 种“马天尼”。

接下来，我将介绍我的鸡尾酒调制技术。不过本书中所阐述的技术可能并非人人适用。我想提醒大家，这些都是我历时 35 年摸索出的具有强烈个人风格的技术。

调制美味鸡尾酒
所需的心态

鸡尾酒能传达调酒师的心声

调制鸡尾酒所需的技术能够体现调酒师的理念。为了形成独到的理念，调酒师必须和鸡尾酒的酒谱展开对话。

假设要调制边车（Sidecar），如何调才好喝？究竟怎么调才能让边车出彩？应该用这样的心态，一点点探究、调整标准酒谱中占比 2/4、1/4、1/4 的材料比例。

每款鸡尾酒都有第一位调制者，而我们必须尽量体察首创者的意图：他调制这款酒是出于怎样的心情，又在追求什么？要加深对它诞生的时代和场景的理解，了解它初创时的形态，再考虑其中能融入多少自己的感悟。换言之，必须时时思考标准酒谱能在多大范围内调整，来打造有调酒师个人风格的鸡尾酒。这一工序十分重要。

人们常点名称赞某位调酒师的马天尼很棒，或者另一位调酒师的边车很特别。正如前文所述，他们为了把酒调制得更美味，独立思考、深挖鸡尾酒的酒谱，从而让经典酒款有了独特的个人风格。

如果完全按照酒谱来调制，就无法形成调酒师独到的口味。要和鸡尾酒对话，思考如何调制出更美味的酒，这样就能用独到的方式灵活调整酒谱。即使不会带来明显的形态差异，只要用这样的态度按

2:1:1 的比例调制边车，就一定能让成品的味道发生变化。

但是，别忘了首先要掌握按照基本比例 2:1:1 正确调制边车的技术。如果没有最基础的技术，其他创新也无从谈起。掌握基础技术后，才能把调制更美味鸡尾酒的追求变成现实。

学会聚精会神

我常用“用心”一词来形容集中注意力。或许也有人说你“工作不用心”，要求你“对自己的要求再严格一点”。人们从事体育运动时也必须集中注意力。在这些场合，spirits（精神）非常重要。

在调酒技术中，尤其使用搅拌法时，常有人不知道怎么调才好喝。我认为关键在于要用心。调酒师注意力有多集中，能把对“更美味的鸡尾酒”的追求实现到什么程度，将大大左右成品的味道。如果没有这样的意识，无论调酒形式多完美，都调不出好酒。平时要如何培养这样的意识呢？这在调制美味鸡尾酒时也是一大重点。

那么，具体怎么做才是用心？这可能因人而异，但简单来说，我认为和给自己喜欢的客人（恋人也可以）调酒时的诚挚心情是相通的。在这样的场合，一定能调出无与伦比的鸡尾酒。这时调酒师的心情也一定不同寻常。

能在何种情形下感受到这样的心情？能否抓住心有所动的时机？能找准这种感觉的人就能调出好酒，因为调酒时只要再现那时的心情就可以了。

每位调酒师可能都有几次以自己的水准，不知不觉、自然而然地用心调酒的经历。他们能否意识到自己当时在用心调酒？这和品鉴鸡尾酒口味差异所用的是同一种感知力。如果某次调酒时感到仿佛有电流穿过背脊、浑身发颤，那只要重复这样的感觉，就能逐步提高调酒的用心程度。

遗憾的是，如果不能意识到自己曾在那些场合真诚地倾注心血，就无法维系这种状态。在今后的工作中，如果能一直留意这一点，就一定有机会遇到这种“有感觉”的时刻，然后就要努力令每次都产生这种感觉。调酒成功与否就取决于这样的意识能保持、提高到何种程度。

我每次站在吧台后调酒，都会认清是谁来喝酒。最不用心的状态，恐怕就是连品酒人是谁都不知道就盲目调酒。如果能想象自己在为某个特定的人调酒，整个过程自然会更用心。我认为抱着为某人调酒的目的，感受自己倾注其中的心血，将有助于提高调酒水平。

如果一天调 50 杯酒，即使只用这样的心情调了其中一两杯，这样的努力也将成为养成专心致志习惯的良好开端。即使一生调几万杯酒，要是没有这样的心情，也不会有任何长进。这就是学会聚精会神的基本方法。

参透客人的口味

客人的口味就是品酒时的喜好。了解客人的喜好是追求美味鸡尾酒的过程中不可或缺的一个环节。

在服务接待行业，人们常说“客人的快乐就是店家的快乐”。不单是接待行业，整个服务业都是如此，而且在调制鸡尾酒时，这也是一大重点。就算调出的鸡尾酒精妙绝伦，如果最终品鉴者——客人不喜欢，就没有任何意义了。

如果了解到客人喜欢酒精度高一点的酒，如此为他调制即可。如果为喜欢甜味的客人调出偏干的口感，自然无法打动人心。因此，鸡尾酒的一大优点就是可以调整酒谱，尽可能让每位客人都觉得好喝。

被誉为“马天尼先生”的已故调酒大师今井清先生曾说，一款鸡尾酒有四种酒谱：标准酒谱、呼应时代潮流的酒谱、调酒师的独家酒谱、符合客人喜好的酒谱。

因此，调酒师可以在一定程度上调整鸡尾酒酒谱。而调整酒谱、调出客人觉得好喝的口味，是优秀调酒师的重要使命。

曾有位男士在我店里点了一杯城市珊瑚（City Coral）（见第140页），但我向他推荐了另一款鸡尾酒。因为考虑到他的喜好，我猜无论怎么调整配方，他也不会觉得城市珊瑚好喝。如果将一款鸡尾酒献给100人，哪怕它无与伦比，恐怕也不可能让100人都叫好。

干我们这一行，必须让客人满意。能否做到这一点在很大程度上决定了调酒师能否成功。了解客人的喜好，为他们选择符合其口味的鸡尾酒，也是我们工作的重要内容吧。

假设调酒师充分理解了经典鸡尾酒的基本酒谱，并能表现出自己的个性，以此为基础，他才能更上一层楼，调出自创鸡尾酒。

这几年有许多调酒师发奋学习、年纪轻轻就在大赛中获奖。这很了不起，但从某个角度来说，或许也有可悲之处。因为我有时会担心，如果还没有完全掌握经典鸡尾酒，就在大赛中获奖，他们可能会在职业生涯里走上歧途。

因为自创鸡尾酒是充分掌握基础技巧之后的自我表达。就算在比赛中成绩斐然，也要注意掌握调制经典鸡尾酒这一基础技艺，再研制自创鸡尾酒。

鸡尾酒亦有“道”

我常在想，日本人的调酒方式也蕴含着“道”。我们身边有日本自古以来的种种习惯和仪式，其中每一种都有带“道”字的固定手法，比如花道、茶道、柔道、剑道等。每当我集中精神调酒时，就会感到鸡尾酒也有“道”。

日本人具备一心求“道”的独特感性和认真细致的国民性。或许出于这些特质的影响，日本人调出的鸡尾酒形成了独特的风格。

从“二战”后的1945—1954年起，鸡尾酒在日本逐渐普及。近70年后，来自欧美的鸡尾酒在日本已经形成了特有的样式。在日本，人们喝到的可能是世界上最名副其实的鸡尾酒。固守鸡尾酒的正统形态、追求更好口味的或许正是日本人吧。

欧美人重视结果，最近日本可能也稍稍受到了他们的影响。但日本人的性格倾向于尊重制作过程并给予高度评价，这种国民性的根本特征几乎没有改变。日本人也常认为，无论结果如何，只要努力拼搏，就值得褒扬。

这也适用于调酒。日本调酒师拥有重视调制方式、力图激活材料美味的感性认识。不仅执着于鸡尾酒本身的口味，还讲究精密的调酒工序，并体现出努力调酒的态度——这样的作风也极大促进了美味鸡尾酒的诞生。

特别是有人认为，调制鸡尾酒是一种瞬时艺术，需要全面调动五种感观和直觉来品味，所以必须充分发掘双眼、耳朵和鼻子所能感知的美味。

据说人最终用大脑来评判味道，而大脑在评判前总能获取一些信息，所以品酒人喝鸡尾酒之前所获得的信息将成为影响味道评判的一大要素。

有研究指出，大多数人的舌头对味觉的感知并不是绝对的。大部分能让人预感到好吃的东西，实际吃的时候也会觉得好吃。鸡尾酒也是如此。大多数让人预感到好喝的鸡尾酒，实际喝时也会感觉好喝。但如果在喝之前已产生难喝的预感，实际喝时，美味体验就会减半。

因此日本调酒师重视调酒过程。调酒工序能在多大程度上让人预感到美味，将决定最终的口味。

从客人开门进店、坐在吧台点单，到把鸡尾酒摆上吧台，这一系列体验都将影响鸡尾酒的味道。如果客人听说某家店的鸡尾酒好喝，说不定无论在那家店喝到什么样的酒，都会觉得好喝。

除了调酒动作，连调酒师的人格特质都会影响鸡尾酒的味道。客人能敏锐地感知调酒师仪表整洁与否、人品如何。服装、用语、眼神、新鲜感、专注度，都和酒的口味息息相关。

如果客人初次光顾某家店，却因为某些原因不希望店内某位调酒师为自己调酒，那客人一定会觉得他调的酒不好喝，恐怕也不会再次光临。

切记，使尽浑身解数调酒的态度能让酒更显美味。

我再提醒大家一次，客人才是鸡尾酒好喝与否的最终评审者。无论我们有多努力，如果客人觉得难喝，那就是难喝。调酒师必须意识到自己调出的口味并不是绝对好喝。

常有电视节目介绍一些固执己见的拉面店、寿司店老板。他们作为主厨，认定自己的烹调方式，就扬言不认同他们的客人不必光临。如果把这当作热闹看看倒也无可厚非，但一般来说这么做不妥。

相信自己调出的酒绝对出色固然重要，但过度自信是大忌。这是鸡尾酒之道中最重要的一条。调酒师决不能自傲。就算在大赛中成为日本第一，也只是比赛成绩，和为客人调酒是两回事。

我们必须牢记，调酒师最重要的工作内容，就是思考如何调出让客人满意的美味鸡尾酒。在钻研鸡尾酒之道时，这是最终极的觉悟。

日本历史悠久的相扑运动之道讲究“心技体”[1]。这也适用于调酒，即在精神上要避免过度自信，为了调出更美味的鸡尾酒要钻研技术，而这两者需要强健的体魄来支撑，也就是说要注意身体健康。

常有人形容我们的工作是“一期一会”[2]。这既指调制鸡尾酒是瞬时艺术，又指调酒师和客人的相遇是一期一会。调酒师为了珍惜每一次相遇，要尽量避免个人原因，让酒吧关门休息。如果身体病弱，不够健康，精神就容易懈怠，也难以集中注意力。不应过量饮酒，而要维持良好、健康的身体状态。

1　在日本的体育界，“心技体”常用来统称精神（心）、技术（技）和体力（体）。——译者注

2　原本是佛教用语，常用于日本茶道，形容每次为客人奉茶，都要抱着一生只和客人相会一次的心情，真诚以待。——译者注

我已经说了很多，但最后还想建议大家，要在注意健康的基础上，竭尽全力工作。这样的态度在学习调酒的漫漫长路上恐怕是最重要的吧。

ALBERTA
SPRINGS

摇和法的技术

硬摇法的特征和意象

摇和法（shake）这一技术，通过在摇酒壶中加入冰块和其他材料后摇晃，来冷却并混合材料。它尤其适合处理比重不同、较难混合的多种材料，例如比重较轻的蒸馏酒和较重的利口酒、奶油、蛋清和果汁等。

调酒师的摇酒方式千差万别，但目标是一致的。

我采用的摇酒方式名为“硬摇法”。什么是硬摇法？就像“硬”字所形容的，摇壶力度大且动作复杂。与此相对的是软摇法，即轻柔地摇和。无论采用的摇和法是哪一种，只要调酒师的技术过关，都能充分混合原料。那我为什么选择硬摇法呢？

摇和的目的不只是冷却、混合材料，还要削弱材料过于鲜明的存在感和浓重的酒精味，调出容易入口的鸡尾酒。为了实现这一目标，我经过种种尝试，最终发明了硬摇法。

我摇酒时会产生这样的意象：假设材料中酒的要素是一个正方形，很多人都倾向于把摇酒想象成削去正方形的四角，让它更圆润。但我摇酒时会想象向正方形的酒中注入气泡，让它鼓胀成圆球。气泡的作用是成为一道缓冲，不让舌头直接感知各种材料鲜明的存在感和浓烈的酒精味。在气泡的作用下膨胀开的酒，最后将产生圆润的口感，而原本互不相溶的多种基酒要素最终融合。这就是我摇壶时产生的意象。

制造气泡——我采用硬摇法的终极目的正在于此。

摇酒壶有一人份（小）、两人份（中）、三人份（大）和五人份（特大）几种容量。酒吧里一般会选择中壶以上的大小。我调制一到两人份的鸡尾酒时，会用大壶。和搅拌杯（mixing glass）不同，小摇酒壶可用大壶代替。

发明硬摇法的原委

神奇的是，就算按照同一酒谱调制鸡尾酒，每位调酒师调出的酒甚至连味道、颜色也不一样。发现这一点之后，我开始改变调酒方式。

为客人调出更美味的鸡尾酒——我一心追求这个目标，开始奋力摇酒。结果发现，鸡尾酒中出现了细密的气泡。

客人称赞说："酒精味不再浓重，变得柔和顺口。"我由此切实感受到气泡的重要性。而在鸡尾酒中融入细密柔和的气泡，就成了我调酒的重要课题。

为追求更美味的鸡尾酒，我不断改变摇酒方式。起初使用的是八字形摇法，但这样摇不出足够多的气泡。于是，为

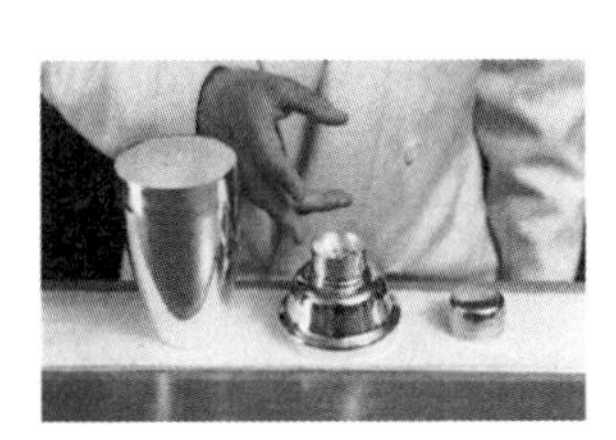

摇酒壶的各个部件。从左到右分别是壶身、滤冰器（strainer，壶帽）和顶盖。

了更剧烈地摇和、让材料充分融合，我开始采用三段摇法。为了让动作更加复杂，我加入手腕甩动和旋转的动作来摇酒，并试着拿摇酒壶时倾斜壶身。如此形成了硬摇法的雏形。

在此基础上，我进一步研究如何调出更复杂的口感。大约五年内，我调制出几百款鸡尾酒，并逐渐能高效地使用硬摇法，就不用大幅度摇酒了。

就这样，我的摇酒动作变得较为紧凑，而且日趋复杂、细腻。这也是因为我意识到摇酒幅度越大，口感的复杂度就会减退。

十几年后，我的摇酒方式趋于一致。虽然统称为硬摇法，其实每次动作都不相同。根据使用的材料，我组合强弱不一的力度和长短不一的摇酒时间，加入旋转和手腕甩动，形成了复杂的动作。

如何判断硬摇法是否到位

摇和法会用到冰，虽然便于冷却，但很难混合材料。而充分混合材料是硬摇法的前提。如果混合的技术不到位，却采用力度大、时间长的硬摇法，摇酒壶中的冰块融化，鸡尾酒就变得水量过多、口味寡淡。如果能充分混合，酒液吸收了融水，口味就不会过淡。

判断硬摇法完成与否，只能靠品尝。唯一的判断标准就是口味是否寡淡。如果喝完发现味道不饱满、偏淡，就说明材料没有充分融合。

不过，使用奶油和蛋清等材料的鸡尾酒可以通过外观轻松判断材料混合充分与否。如果硬摇法已经到位，那么液体就会变成打发好的柔滑的泡沫状。练习硬摇法时最适合用这一类鸡尾酒。

凸显硬摇法优势的材料

有几种材料能充分发挥硬摇法的优势。首先是奶油。奶油如果充分摇和，会产生气泡，变成打发后的泡沫状。尤其在加入糖分后，这一材料更易于保持泡沫，因此能形成其他摇和法所得不到的独特口感。蛋清也是如此。

此外还有果汁。虽然果汁的起泡情况和其他材料相当，但它很难混合。需要将果汁和其他材料充分混合时，非常适合用硬摇法。这样一来，果汁的酸味就能和甜味、酒精味融为一体，形成柔和的口味。

诸如此类，以蒸馏酒为基酒，并与奶油、蛋清或果汁混合调制的鸡尾酒，适合硬摇法。

相反，也有些材料组合难以发挥硬摇法的优势。那就是利口酒、蒸馏酒等酒类的组合。虽然它们能摇出气泡,但气泡会在短时间内消失，难以维持。

这也是为什么在本书中，我将三种常用摇和法调制的鸡尾酒史汀格（Stinger)、阿拉斯加（Alaska)、俄罗斯人（Russian）用搅拌法来制作。因为我相信，即使不用硬摇法，也能通过搅拌法充分体现这几款酒的美味。

此外，用作基酒的蒸馏酒的品牌与硬摇法的匹配程度也各不相同。所谓硬摇法，是在摇酒壶中先将材料分解，再融为一体。因此需要选择调制后还能保留酒的个性和存在感的品牌。也就是说，需要酒的个性足够强韧，经得起硬摇法的摇和。

而蒸馏酒中，不同品牌的金酒和伏特加口味差异尤其明显。伏特加只有酒精味，但神奇的是，把它调成鸡尾酒后口味就会大不相同。总的来说，越是单独喝时好喝（精致、顺口）的酒，似乎越不适合用硬摇法。调制鸡尾酒时，我倾向于选择摇和后还能清晰保留酒香和清冽口感的蒸馏酒的品牌。

鸡尾酒上漂浮的细密冰晶

最后，我想谈谈铺满鸡尾酒表面的细密冰晶。它们不过是硬摇法的副产品，硬摇法的目的并不在于形成这一层浮冰。我摸索硬摇法之初，过分执着于让冰晶浮起来，尝试了扩大滤冰器孔等方法，回想起来是我的理解有偏差。我想提醒大家，应该重视的是气泡本身。

只要硬摇法使用得当，即使不扩大滤孔，冰晶也会浮起。而且，如果摇酒壶中的冰得到充分旋转搅动，细密的冰晶就会铺满鸡尾酒表面。如果使用硬摇法时，盲目把冰块直线抛向壶底，壶中的冰块就会碎成大块，难以从滤孔掉出。即使掉出，也只是无法使用的较大碎冰。

摇和法的步骤

—实际操作—

❶在摇酒壶中加满冰块。下层是小块的冰，上层是大块的冰，均匀加入手凿块冰和方块冰。

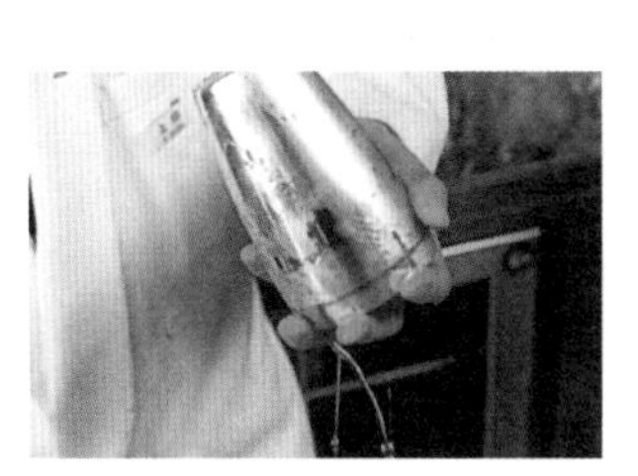

❷注入水，充分涮洗冰块。这样可以涮去冰的棱角和冰碴，减少融水，避免口味变得寡淡，还能冷却摇酒壶。捂住冰块，沥水。

❸按照分量从多到少的顺序将材料注入摇酒壶。

❹盖上滤冰器。一定要水平拧紧。如果松动或歪斜，摇酒时可能脱落。

❺缓一口气，排出摇酒壶中的空气，然后盖上顶盖。如果不排气，摇酒时盖子易受空气挤压而弹出。

❻摇酒。要高效利用摇酒壶的内部空间，充分摇和。如果鸡尾酒用到奶油、蛋清、蛋黄等不易混匀的材料，摇酒时间要比通常情况长一半左右。

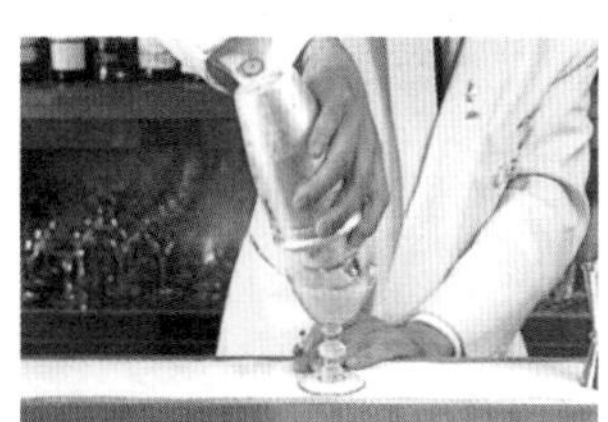

❼将鸡尾酒注入冷却后的鸡尾酒杯。

① 摇酒壶的握持方法

❶左手持酒壶放在胸前。顶盖朝内、靠胸一侧，用左手中指和无名指按住壶底的凹陷处。

❷拿摇酒壶时左手手掌微曲，不要紧贴壶身。

❸用右手拇指按住顶盖。

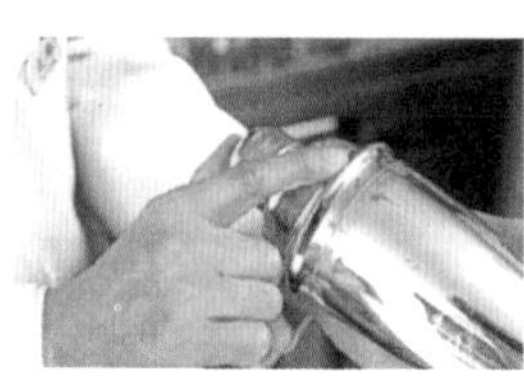

❹将右手食指放在滤冰器下边缘的凸起处。

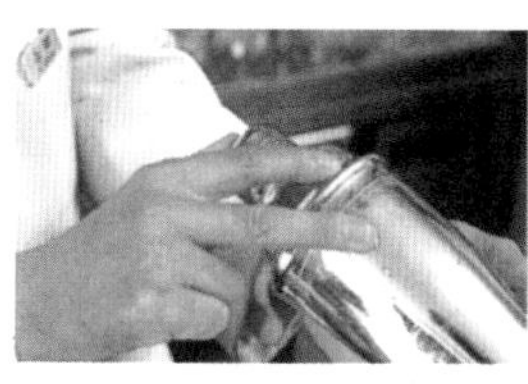

❺用中指和食指分别紧扣壶身和滤冰器。

❻剩下的手指轻轻搭在壶身上即可。照片中为拿好摇酒壶后的手势。

摇酒所需的冰块

按照 6:4 的比例准备好手凿块冰和方块冰。如果只用手凿块冰，就容易卡在壶内，摇和会变得生硬，因此需要加入方块冰优化壶内空间，让摇和更顺畅。加入方块冰也能提高性价比。

② 摇壶方法

面朝正前方，两脚分开与肩同宽，放松地站立。接着左脚向外偏转 45 度。摇酒壶应该在左脚上方。因此，上半身也向左转 45 度。

摇出

摇出再收回。每次摇壶时，这两个动作是基础。通过这些动作，冰会在壶底和滤冰器之间来回弹动。重点是收回的动作不能晚于冰弹回的那一瞬。因此摇一下应该能听见两次冰块的响声。

如果能标准地完成摇出、收回的动作，两次声音应该强弱一致。如果摇壶时，一直听到沙沙声，或者只有摇出的声音特别响，都说明摇壶动作不正确。

❶用正确姿势拿好摇酒壶，从左胸前方向外，保持相同高度、笔直地摇出。

❷收回起始位置。重点是要让冰充分甩回。每一次摇壶动作都应有张有弛，收放自如。

甩动手腕

在摇出、收回这两个基本动作中加入手腕松弛的甩动，改变摇酒壶顶部、底部角度。

❶摇出时，按竖起摇酒壶的方向朝外甩动手腕。

❷收回时，按倒立摇酒壶的方向朝内甩动手腕。

旋转、改变水平角度

进一步上提右肩、右肘，加入旋转。并在摇出时，向左旋转摇酒壶。通过摇出、甩动手腕、旋转、改变角度等方法，让材料在壶内充分融合，这就是完整的摇壶动作。这里的照片只体现了旋转、改变角度的动作。

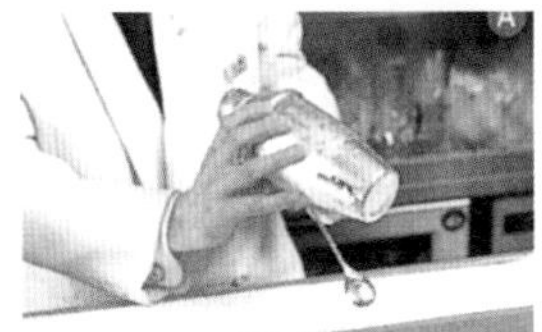

❶一边摇出，一边提起右肩、右肘，让摇酒壶呈螺旋形旋转。即使只看左手手腕的动作，也能发现摇酒壶发生了旋转。另外摇酒壶不应笔直摇出，而要斜向摇出。照片中吧勺（bar spoon）垂直于身体，而摇出摇酒壶时，壶身应稍稍偏离垂直方向。

❷一边恢复摇酒壶的旋转角度，一边摇回左胸前。

❸ 如何倒酒

常见方法是倾斜摇酒壶倒出鸡尾酒，但我会倒立摇酒壶、将鸡尾酒注入鸡尾酒杯，让细冰晶都漂浮在酒杯表面。

❶将壶口笔直向下，逆时针晃动壶身，一鼓作气将鸡尾酒注入杯中。

❷最后，将摇酒壶转为水平方向，直接甩动手腕，让壶身上下晃动，晃出冰块的响声，倒尽调好的酒。这样既能说明壶内空无一物，发出的响声也标志着调酒结束，具有观赏性。

* 对鸡尾酒的量没有把握时，常有人这样倒酒，但无法倒出堆在滤冰器角落的细碎冰晶。

搅拌法的技术

搅拌法的特征

搅拌法和摇和法是鸡尾酒的两大调酒技术。搅拌法通常用于将比重相近的材料或者不含果汁的多种较易混合的材料冷却、混合。

就像人们说的那样："材料的鲜明特质可用摇和法来削弱，用搅拌法来保留。"搅拌法常用来强化基酒强烈、犀利的存在感。

但要注意，搅拌法并非原原本本地表现基酒的特质，它还丰富了基酒的美妙口味。其目的完全在于体现混合后的美味。

搅拌法中的冰块

和摇和法一样,冰块也是搅拌法中不可或缺的一大要素。换句话说，使用搅拌法时，也很可能融水过多，导致成品口味寡淡。

为了尽量避免这种情况，必须先冲洗冰块，并考虑大小冰块该以何种比例搭配等问题。而搅拌的关键则是,让冰块在旋转过程中不被碰碎。

这是因为搅动冰块时，如果冰块互相碰撞，碰碎冰块的棱角，碎冰碴融化，就会冲淡酒的味道。

所以要尽量减少融水，同时充分混合，让材料吸收水分。为此，搅拌手法（参见第 25 页）就成了重点。然而搅拌次数和速度会因所用材料（基酒）与冰块的状态、调酒师的技术而有所差异。有些人搅拌几十次也搅不匀，也有人只搅拌几次就能完美融合材料，这只能靠调酒师逐步积累经验。

搅拌法的意象

把材料注入搅拌杯时，基酒只是互不相溶地共存于杯中。

我在上一章节提到，使用摇和法时，可以想象先把各种材料分解、粉碎，再注入气泡，让它们膨胀开来。而搅拌法的意象并非将各种材料先粉碎再结合。

要集中精神，让互不相溶的基酒分子在冰块之间游动，安静又迅速地互相渗透、结合。

涮洗冰块后，从注入材料的步骤开始就要全神贯注，并在搅拌的过程中将注意力凝聚到极致。然后轻而迅速地抽出吧勺，递给客人后，舒一口气，将高度集中的精神放松下来。这就是我搅拌时的意象。

搅拌——如果写进酒谱，以上工序用这两个字就能概括。但在搅拌杯中，其实悄悄发生着看不见的细微融合。

搅拌法所需的器具。从左到右依次是滤冰器、搅拌杯、吧勺。普通吧勺的匙子和勺柄呈一定夹角，而我会把匙子一头掰直，让它和勺柄呈一直线，这样搅拌时勺柄和匙子凹陷处所占的空间更小。这是为了搅拌时尽量不损坏冰块。

搅拌法温度变化表

* 手凿块冰指冰块供应商提供的冰块，方块冰指制冰机制成的冰块。

条件				温度	增量
不同冰块引起的温度变化情况和容量增量				℃	ml
手凿块冰 大	2 块（常温 20℃ 搅拌 20 次 容量 60ml）			8.0	10
手凿块冰 小	10 块（常温 20℃ 搅拌 20 次 容量 60ml）			4.5	17
手凿块冰 大小混合	6 块（常温 20℃ 搅拌 20 次 容量 60ml）			4.0	13
方块冰	8 块（常温 20℃ 搅拌 20 次 容量 60ml）			6.0	15
不同温度的金酒与不同冰块引起的温度变化情况和容量增量					
常温金酒	20℃	方块冰 8 块	搅拌 20 次	6.0	15
冷藏金酒	7℃	方块冰 8 块	搅拌 20 次	3.8	10
冷藏金酒	7℃	手凿块冰 6 块	搅拌 20 次	3.2	9
冷藏金酒	7℃	手凿块冰 6 块	搅拌 30 次	1.9	10
不同搅拌次数引起的温度变化情况和容量增量					
10 次搅拌	（常温 20℃ 方块冰 8 块）			7.0	10
15 次搅拌	（常温 20℃ 方块冰 8 块）			6.3	12
20 次搅拌	（常温 20℃ 方块冰 8 块）			6.0	15
30 次搅拌	（常温 20℃ 方块冰 8 块）			3.9	16

根据以上实验结果，可知搅拌法的理想条件如下：

❶冷藏金酒（5℃～7℃）

❷搅拌 25 次～30 次

❸使用大小混合的手凿块冰

❹快速搅拌

但由于实验时室温等条件不同，数据可能有若干误差。

此外，测量工具为温度计和量筒。

搅拌法的步骤

—实际操作—

❶在搅拌杯中加入适量手凿块冰，注入清水。

❷用吧勺轻轻搅拌，涮去容易融化的冰的表层和细小的冰碴等，同时冷却搅拌杯。

❸盖上滤冰器。

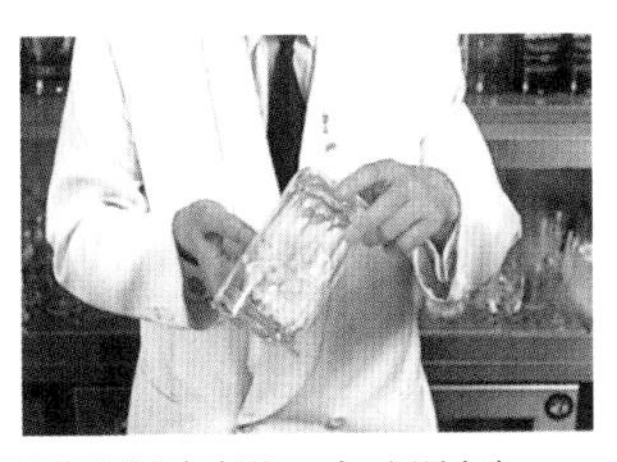

❹将搅拌杯倾斜约 45 度，沥尽水分。

❺取下滤冰器，从基酒开始将材料依次注入搅拌杯。

❻将匙背沿着搅拌杯内壁滑入，开始搅拌。不要碰碎冰块，也不要让冰块互相碰撞。为了不让搅拌杯升温，应用左手稳住杯底（没有酒液的部分）。

❼盖上滤冰器，将鸡尾酒徐徐注入冷却好的鸡尾酒杯。

❽倒酒结束，稍稍抬起搅拌杯（见照片），上下小幅摇动，摇出冰块声，结束搅拌。

❶ 冰块的用量

照片显示在搅拌杯中加入所需冰块和基酒后的样子。其中照片A和照片B分别从侧面与正上方显示了冰和基酒用量合适时候的状态。每张图中的冰块都和基酒接触。而照片C则冰块用量过多，是错误范例。

在搅拌法中，冷却自然是冰块的作用之一，其原理是让基酒接触冰块来降温。如果有冰块完全碰不到基酒，不但浪费，而且这些冰块融化后混在酒中，会导致酒味过淡。虽然搅拌时需要一定量的冰块，但与摇和法不同，冰块并非越多越好。

❷ 吧勺的握持方法

我将吧勺的中心点作为轴心，握住它搅拌。这样一来，吧勺的尾端也转动起来，更显美观。

如果将吧勺转为水平方向来讲解，则大拇指和无名指放在吧勺上方，食指和中指在下方。用大拇指和食指扶住吧勺，中指和无名指则转动勺柄进行搅拌。

▲
错误范例

冰块的大小

准备好大小不一的手凿块冰。建议组合使用大小不均等的冰块。因为小块冰容易融化，因此需要较大的冰块。同时为了扩大冰块表面积、尽快降温，冰块之间的间隙不能太大，所以也需要若干小块冰。

③ 吧勺的使用方法

让冰块和基酒在搅拌杯中旋转，但不是用手画圈，而是要有意识地前后搅动。

始终将匙背沿着搅拌杯的内壁，按照步骤❷和步骤❸重复做前后运动，避免碰碎冰块，这样一来杯中的冰块和基酒就会静静回旋流动。注意搅拌速度不能过慢，要维持适当的速度。

抽出吧勺时，也不要阻断酒液流动。要顺着流向轻快地斜向抽出，和插入吧勺时一样。

❶让吧勺沿匙背弧度轻快地滑入搅拌杯和冰块之间。重点是不要触动冰块。搅动时冰块和吧勺要保持这样的位置关系和状态。

❷先用无名指将吧勺推出去，接下来搅拌时几乎都用无名指发力。

❸接着用中指将吧勺拉回到身前。如果只靠中指的反作用力来搅动，酒液会晃动过猛。

④ 搅拌杯的握持方法

❶盖滤冰器时，把手应位于和搅拌杯尖嘴相对的方向。用食指按住滤冰器。

❷用大拇指和中指牢牢箍住搅拌杯。

❸照片中为错误范例。注意，如果将所有手指或整个手掌紧贴杯壁，会导致搅拌杯的温度上升。

兑和法的技术

三种兑和法

所谓兑和法，就是指不用特殊器具，在酒杯中完成的调酒方式。简单来说，就像威士忌兑苏打水一样。向加入冰块的酒杯中，直接注入若干种材料即可出品。

兑和法大致分成以下三种：

❶ 碳酸型

这一类型使用了苏打水、汤力水和姜汁汽水等汽水，例如金汤力（Gin and Tonic）、莫斯科骡（Moscow Mule）等。

汽水带来的清爽刺激是这一类酒拥有美妙口感的关键，因此调制时必须避免破坏二氧化碳气泡。所以重点是不要过度搅拌，否则会导致气泡溜走，失去清冽的口感。

注入汽水时，不要碰到冰块，要让汽水缓缓充满冰的间隙，这样才能直接接触基酒。碳酸和硬物碰撞的次数越多，气泡越容易破裂。

另外在兑和法中，冰块的作用和摇和法、搅拌法都不同，仅限于保持低温。因此，无论是否使用汽水，基酒、汽水等材料如果不在冰箱中预降温，成品的口味都会变得寡淡。

❷ 无碳酸型

这一类不含汽水，例如锈钉（Rusty Nail）、黑俄罗斯人 (Black Russian) 等。如果所用材料很难融合，就稍稍混合，以此作为辅助，切忌过度。将材料按照比重由轻到重的顺序注入，占比较大的材料就会从上向下渗透，所以能自然混合。

兑和法的本质特征，就是通过注入材料达到自然的融合状态。因为兑和法的魅力就在于，有时能让人品出材料各自的味道。如果必须充分融合材料，我认为应改用搅拌法。

❸ 普斯咖啡型

所谓普斯咖啡（Pousse-café），原义是“咖啡替身”，即咖啡的替代品或者在咖啡之后饮用、代替甜点的饮料。

比如天使之吻（Angel's Kiss/Angel's Tip）就是典型的这一类酒款。调制时要在利口杯（liqueur glass）或普斯咖啡专用的小酒杯中，利用材料的比重差异，层层堆叠基酒。这恐怕就是兑和法的原型吧。要按照比重由重到轻的顺序，将材料沿匙背徐徐注入。

另外，关于材料的比重，即使是同种利口酒，各个品牌也不同。而且酒标上的信息（通常会用不挥发物度数[1]来表示）比较粗略，所以只能作为大致的参考，实际比重如何，要自己尝试后再判断。

1　根据日本酒税法，不挥发物度数（エキス分）指 15 度时每 100 毫升酒中所含不挥发物的克数，大多是葡萄糖等糖类。——译者注

让最后一口都美味如初

很多人都认为兑和法这一调酒技术和摇和法、搅拌法相比，简单、轻松。但实际上哪怕只是吧勺用法的细小差别，都会大大影响成品的口味。

尤其调制用 15 分钟～20 分钟慢慢品味的长饮鸡尾酒时，随着时间流逝，技术的高下会让口味体现出明显差异。

假设调制两杯金汤力，一杯如前文所述，制作时小心地避免破坏汽水的气泡。另一杯则将汽水直接倒至冰块上，并用吧勺在杯中大幅度上下搅动 2 次～3 次，发出响亮的冰块声。分别品尝时会发现，第一口的确会感到第二杯的气泡更活跃，给人以清爽的印象，但 30 秒后，和第一杯相比，第二杯中就会出现缺乏气泡的无力口感。再然后正如各位所料，出现酸味和苦味，鸡尾酒的味道也完全变了样。

此外，如果使用从冷冻室拿出的金酒，酒瓶上还结着霜，那么即使按照第一杯的调法，鸡尾酒的口感也会显得黏重，金酒的入口风味亦会变差，这样就无法体现出金汤力的清凉魅力。

使用兑和法时，由于基本上没有冷却工序，所以应该提前冷却基酒，但如果使用冷冻后的基酒来调制鸡尾酒，酒的香气和口味就难以充分呈现，所以我选择冷藏。

碳酸型—金汤力

—实际操作—

❶将高球杯预降温至表面凝结出薄雾（照片左侧杯子。照片右侧是没有冰过的酒杯）。

❷根据酒杯的容量冰块用量会有差异，但一般来说要放入 2 块～ 4 块大块手凿块冰。为方便客人饮用并保证成品美观，注意不要让冰块超出杯沿。

❸挤出青柠汁。挤压时用另一只手遮挡，以免果汁溅到客人。

❹注入金酒。

❺将汤力水从冰块之间注入、注满。如有需要，可用吧勺轻轻拨开冰块，注入金酒。这时右手要拿好吧勺，准备做出下一个动作。

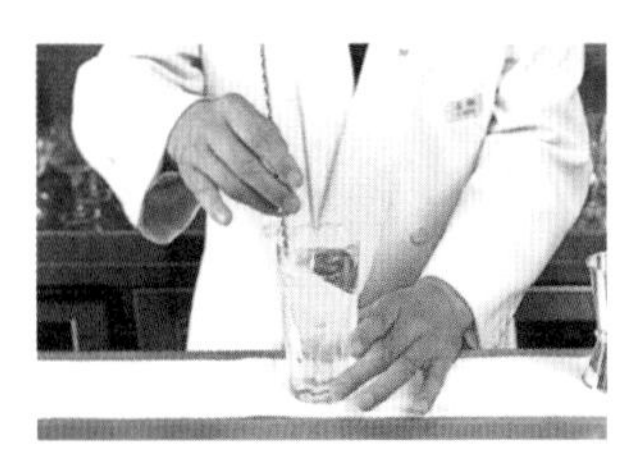

❻将吧勺轻快地滑入，注意不要碰到或转动冰块。一些需要混合果汁或其他多种蒸馏酒的酒款可能还需结合其他混合方式。

❼同样轻轻抽出吧勺。

* 在用金酒、青柠和苏打水调成的鸡尾酒中，有一种叫作“金利克”。它需要加入半个青柠，出品时还要插入搅拌棒。这时调酒师只需注入苏打水，不需要搅拌。这是因为客人可以根据个人喜好，用搅拌棒调节酸度。

无碳酸型|锈钉

❶先准备好冷却至微微起雾的岩石杯（rocks glass）。

❷加入 2 块～3 块较大的手凿块冰（不要在酒中浮起）。注意冰块不要超出杯沿。

❸从比重较轻的材料开始，将材料依次注入杯中。在这个范例中我先注入基酒威士忌。在添加大块冰块的鸡尾酒中，有很多组合若干种蒸馏酒的酒款。

❹注入比重较重的利口酒（Drambuie，译作杜林标）。最后注入更重的材料，从而使材料由上而下自然混合。

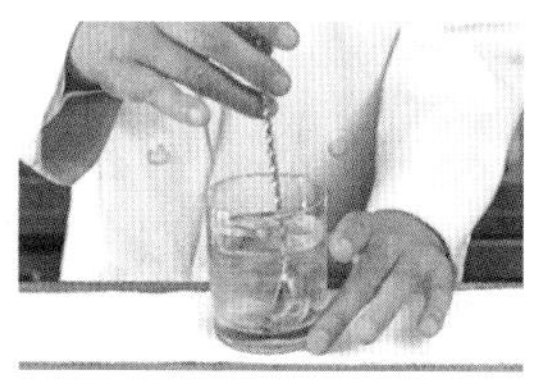

❺插入吧勺，轻轻搅拌，这一步骤仅作为自然混合过程的辅助。千万不要过度搅拌。

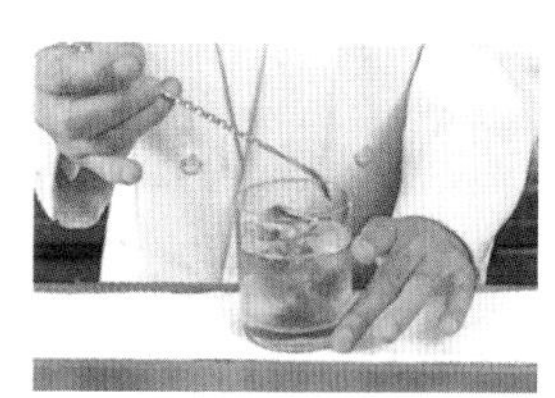

❻顺着酒液的流向，轻轻抽出吧勺。

普斯咖啡型

❶先加入多种基酒中比重最重的酒。酒杯和利口酒不必预降温。

❷上图为注酒的手法：先将匙背搭在酒杯内壁。

❸让酒水沿匙背缓缓注入杯中。按照比重由重到轻的顺序，重复以上步骤注入材料。

调酒的基本动作

调酒师的动作亦能成就美味

从酒架上取下酒瓶，轻盈迅捷地打开瓶盖，酒液行云流水般注入酒杯。这些动作看似自然，但需要调酒师全神贯注，一举手、一投足毫不懈怠。这并不华丽招摇，调酒师应该从容而准确地掌握动作要点，让调酒动作低调又不失韵味。

调酒师的工作就是提供美味的鸡尾酒。为了完成这项工作，还要努力让客人预感到酒的美味。因此，除了鸡尾酒的味道，调酒师也应该钻研调酒的动作细节。

要日积月累地进行基础练习，留心动作是否一气呵成，是否显得干净利落，等等。

但我认为这些动作并不是为了显得调酒师潇洒帅气，而是为了让客人预感到鸡尾酒的美味。

这也正是职业调酒师站在吧台后，在客人的密切关注下调酒，和在家里调酒的一大差异。

职业调酒师的工作

下文将首先介绍量酒器的基本用法。但其实，职业调酒师应该训练自己不用量酒器，用手和眼睛来精确估算、计量液体体积。酒吧里最常用的是两端分别为 30 毫升量杯和 45 毫升量杯的量酒器。但要测量 10 毫升、20 毫升等更小体积时，还是要靠目测。

即使要取用整整 30 毫升液体，向量杯注入酒液直到快要溢出，量取的体积也会有出入。

如果要一次制作多人份，量取 150 毫升时，就要用 30 毫升量杯量取 5 次。将每次测量产生的误差乘以 5，误差值也相当可观。由此可见，如果能不断训练，让自己能以一定流量匀速注入材料，且液柱粗细不变，到某个时间停止注入，从而正确计量，这样靠肌肉记忆来测量，就比用量酒器准确得多。

为了目测液体体积，要将自己的感知力磨炼得无比敏锐。这一条也适用于其他专业化的工作。只有学会准确地计量分量，才能调制出符合客人喜好的风味。

| 实际操作 |

如何拿酒瓶

右手握住酒瓶，手放在酒标下部约 1/3 处，露出酒标正面。理由如下：
❶在这个位置，能灵活摆动手腕。
❷手握在酒标上部，显得不够优雅。放在下部 1/3 处更稳、更美观。
❸若酒液从瓶口淌下，会弄脏酒标。为保持酒标美观，酒标应朝上或朝侧面。

握住酒标下部 1/3 处。倒酒后，令酒标朝上，以免弄脏酒标。

倒酒后，也可以让酒标朝向侧面，给客人展示。但是酒标朝上时拿得更稳。

把手放在正确位置倒酒，能灵活转动手腕，显得优雅从容。

错误范例

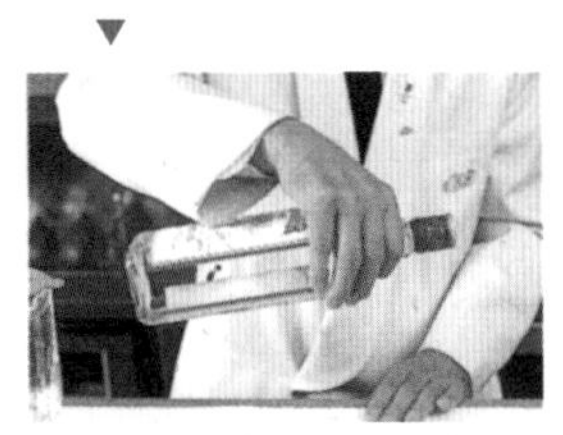

❶若将手放在靠近瓶口处，不仅显得笨拙，还可能将酒液沾到手上，不卫生。

❷如果手放在酒标上部，就不能灵活转动手腕。

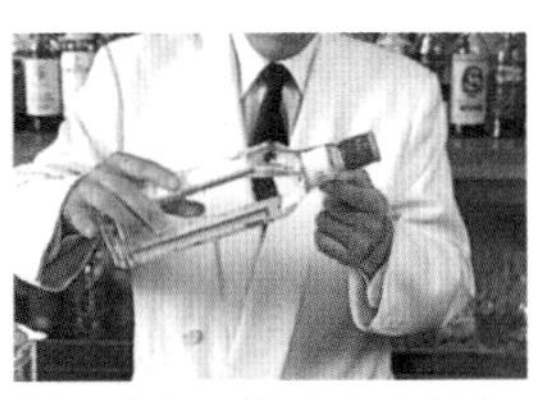

❸如照片所示，若酒标朝下，酒液从瓶口淌下时会弄脏酒标。

如何开瓶盖

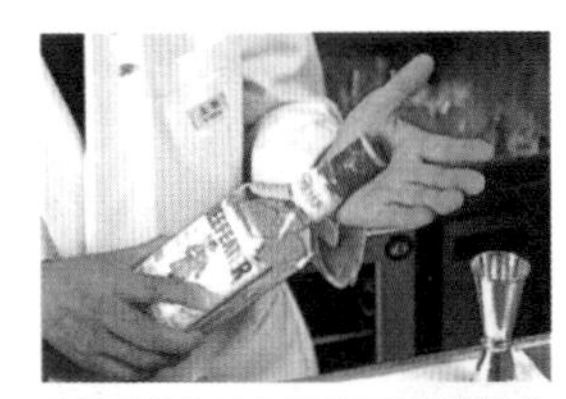

❶用手掌靠近大拇指根部处握住瓶盖部分。

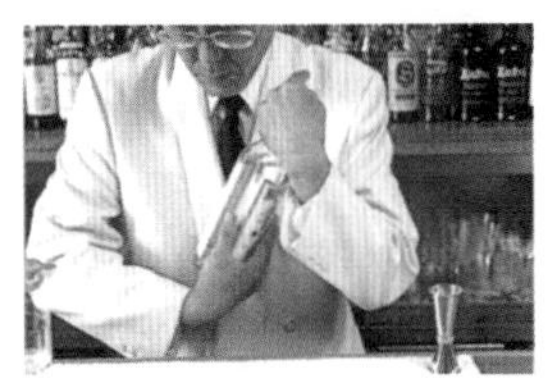

❷两手相向朝内转。如果右手没有放在酒标下部 1/3 处，就不能轻松做出该姿势。

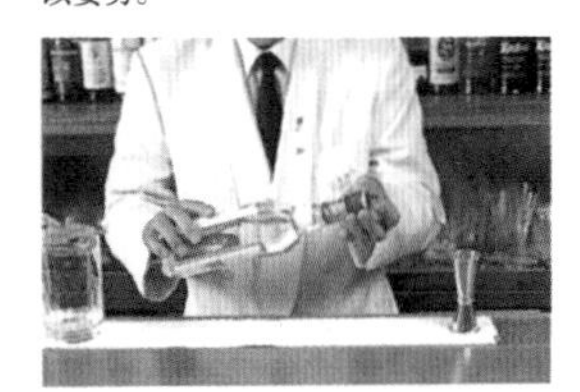

❸朝内转后，再朝外反向松开，打开瓶盖。一般来说，这些步骤只做一次就能打开酒瓶。如果打不开，就重复一次。反向完成以上步骤，即可盖上瓶盖。

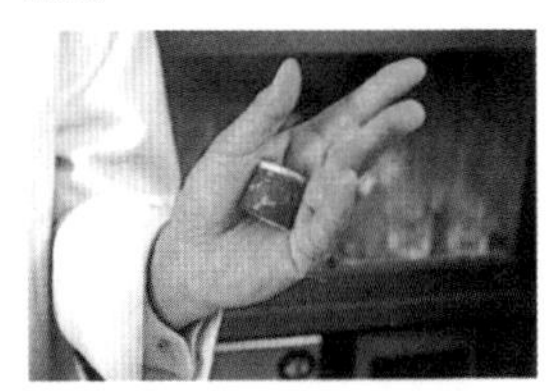

❹瓶盖打开后，不要放在吧台上，应该如照片所示，夹在左手手掌中心靠近大拇指根部，让指尖活动自如。如果把瓶盖放在吧台上，会影响动作的连贯性，显得杂乱无章。应将瓶盖夹在左手手掌中继续操作，直到盖上瓶盖。

如何计量酒量

❶ 目测酒量的练习方法

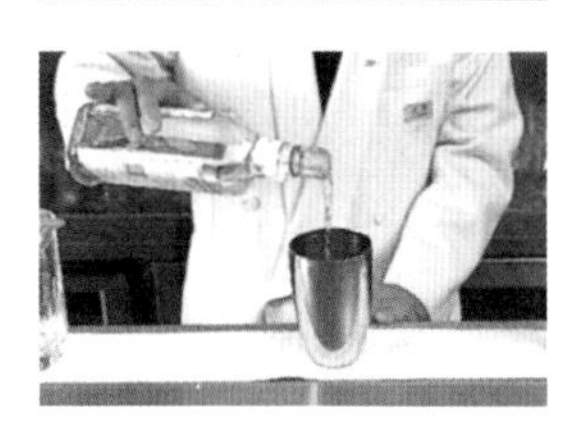

❶练习的第一步是，在空酒瓶中装水，先按固定流量匀速倒出酒（液体）。至少熟练掌握并分情况使用自己定下的两种流量（对应一粗一细两种液柱）。

❷准备好量筒（一小格为5毫升），通过将方才定下的特定流量的液柱在特定时间内注入，锻炼倒酒的肌肉记忆。练习量取一定体积的液体。至少要学会精确量取10毫升、15毫升、20毫升、30毫升、45毫升这5种体积。

练习量取30毫升后，接着练习量取15毫升，像这样交替量取不同容量的液体。如果重复练习计量30毫升，会不自觉地调整上次量取时的感觉，就不能达成一次量出正确体积的练习目标。要练习从零开始注酒，一次量准。

❷ 量酒器的握持方法

两头分别为45毫升量杯和30毫升量杯的量酒器最常用。将它上下调转时，用食指和中指灵巧地调转上下端，用大拇指和食指扶住两端进行辅助。不断练习，直到动作流畅。

❶将酒瓶的瓶盖藏在手掌中大拇指根部内侧，维持该状态，用大拇指、中指和食指拿好量酒器。

❷用食指和中指迅速调转量酒器上下端。用无名指扶住，再改用食指、中指和无名指握持。

❸ 用量酒器量取酒液

倒酒时，要让酒瓶、量酒器的倾倒方向和从量酒器倒入摇酒壶（原本只在倒入酒杯时使用量酒器）的酒液流向呈一直线。此外，酒液应该像一道小瀑布，倒入量酒器后立即倒入摇酒壶，不要让流动的酒液停下。

职业调酒师应练习不用量酒器，而用目测的方式量酒。

❶倒酒时，要让酒瓶的倾倒方向和量酒器、摇酒壶呈一直线。量酒器应紧邻摇酒壶放置。

❷量取一结束，立刻向外翻转手腕，将酒液倒入摇酒壶。

如何凿冰块

冰块里一定藏有纹路。如果顺着它凿，冰块就能干脆利落地裂开，所以要学会辨认冰的纹路，尽量顺着纹路凿冰块。

所需工具为单头冰锥。

❶ 单头冰锥的握持方法

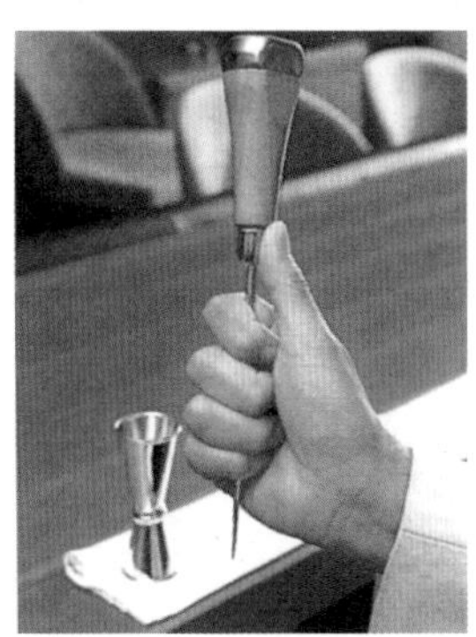

❶牢牢握住冰锥，用大拇指来抗衡后坐力。

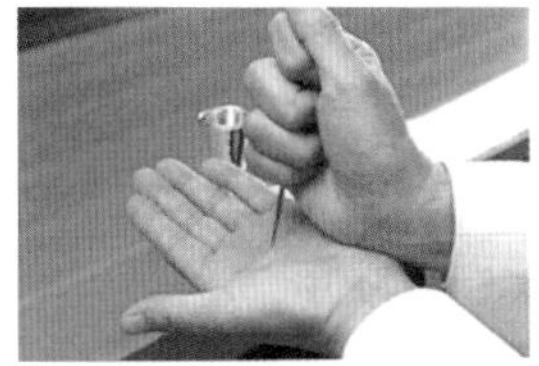

❷参考照片调整锥尖露出的长度，使得两手相触时，锥尖不会刺到手掌。注意，如果握持位置不正确，凿冰时容易受伤。

❷ 如何制作手凿块冰

应将一整块冰先凿成一半、再凿一半，逐渐形成小立方体，而不是从冰的边角一点点凿出。冰锥要垂直刺入冰块。

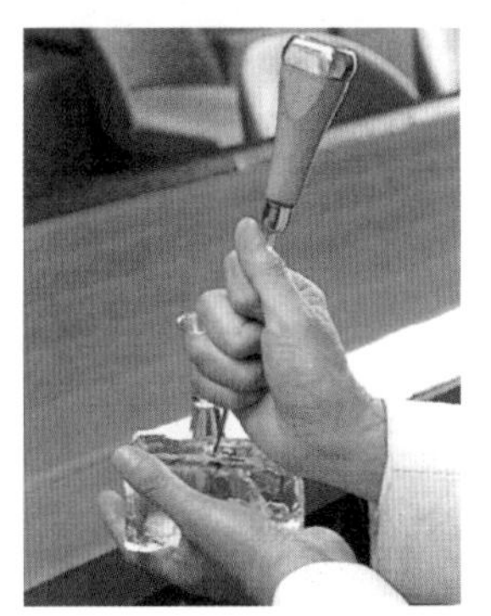

❶冰块较大，想要垂直于纹路凿开时，如果猛地一下子刺入，冰块会顺着纹路裂开。所以应该沿冰块中线，在若干点位轻轻敲击，连成一条直线。

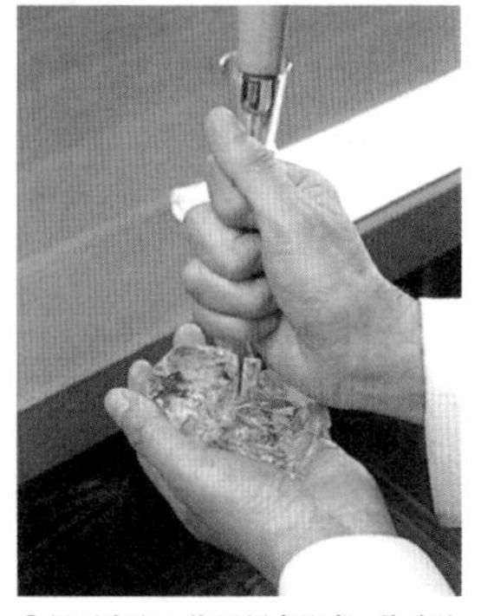

❷最后在中心位置用力凿穿，将冰块凿成两半。

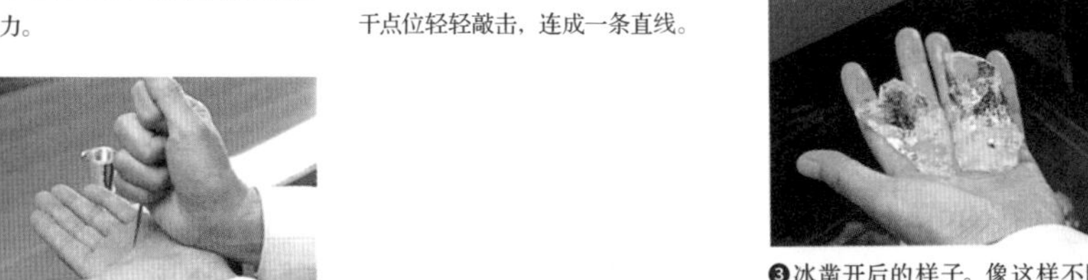

❸冰凿开后的样子。像这样不断对半凿开，逐渐形成立方体。

❹凿好的冰块和方块冰一起储存于冰槽中备用。

❸ 如何制作冰球

接着介绍如何制作能正好放入杯中的冰球。诀窍是用冰锥一点点凿削。如果将冰块一下子凿成大块，就无法凿出匀称的球形。

❶准备一大块冰。

❷首先凿出以球形的预计直径为边长的立方体。用冰锥的把手凿出大致的大小。

❸凿出立方体后，按照想象中的球形轮廓，凿出一个圆圈。

❹沿着这个圆圈凿去尖角。

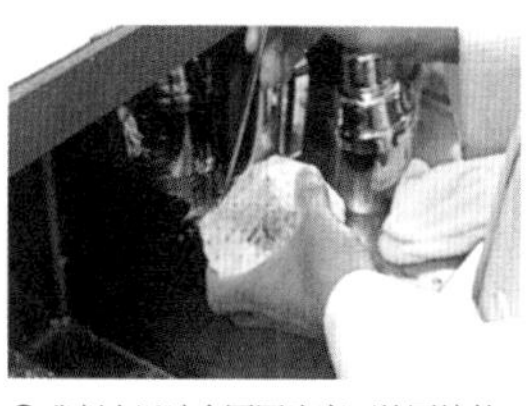

❺凿削出以这个圆圈为底面的圆柱体。

❻冰块现在成了圆柱体。

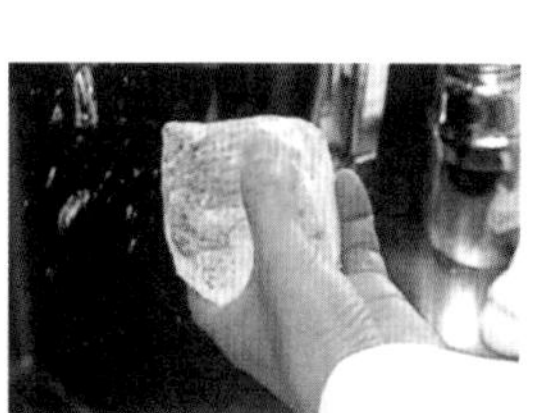

❼水平握住冰柱，凿去两头棱角，形成球形。为了让它能稳稳放在杯中，应在底面留出一小块平面。

❽将整体凿削得更圆润。

❾用清水涮洗一次，洗去棱角和冰碴，放在筛网、筛篮等沥水器皿中，冷冻一晚，使冰球更结实。

❿由于冰球表面容易融化，无需过水，直接使用即可。

用柠檬皮增香的步骤

以下步骤用于为鸡尾酒增添柠檬特有的清香。柠檬皮中含有苦味和香味两种气味。苦味会垂直向下挥发，而香味则呈雾状飘散。为鸡尾酒增香时只使用这雾状的香气。

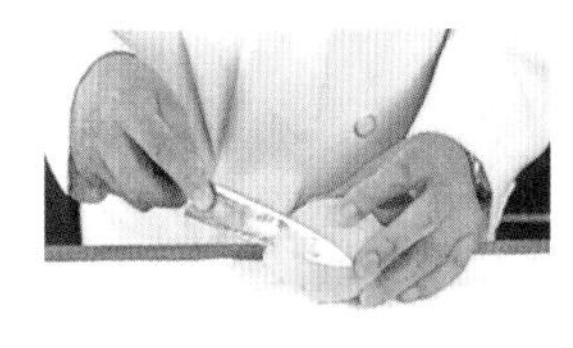

❶削下一块大拇指大小的柠檬皮。

❷要使削好的柠檬皮中央较厚，留有白瓤，周围较薄，以便于弯折。

❸用大拇指和中指捏住柠檬皮边缘。

❹用食指推挤柠檬皮中央，使其弯折，散出香味。

拿捏柠檬皮的方位

由于柠檬的苦味成分垂直向下挥发，所以不能直接在酒杯正上方挤柠檬皮。要放在和杯脚呈45度角、离杯口10厘米～15厘米处的半空。这样一来，苦味成分不会进入杯中，只有香味散开，给鸡尾酒增添清香。

如何拿酒杯

为了不让冷却好的酒升温，要养成拿杯底或杯脚的习惯。不能整个手紧贴杯身握持，碰杯口更是大忌。

如何擦亮酒杯

用中性洗洁精清洗酒杯后，浸在热水中，等酒杯变热再取出，沥水，趁热擦亮。备好较长（60厘米～70厘米）的擦杯布（以棉麻混纺为佳）。建议分两步进行：擦去水分，擦亮。擦亮时不要用力。另外，也要小心太湿的擦杯布容易导致酒杯破损。

❶用左手大拇指牢牢扣住擦杯布。

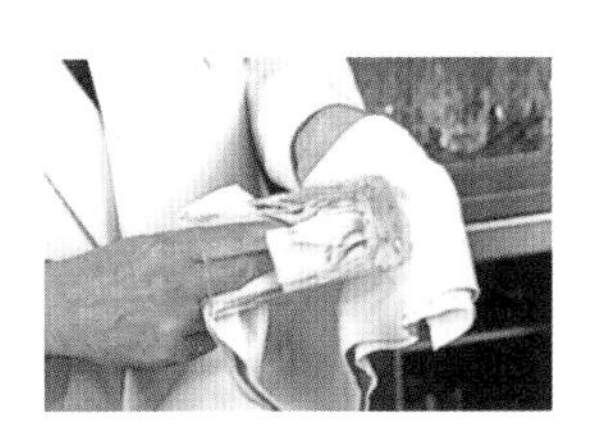

❷用左手握住杯底，将擦杯布塞入酒杯内底部。

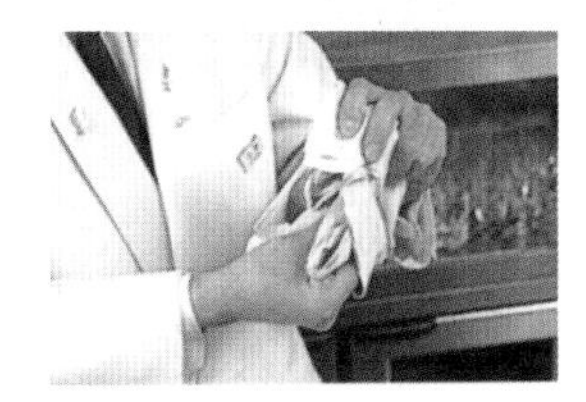

❸用大拇指擦内壁，其他手指擦外壁。不要用力，同时擦亮杯子内外侧。

渐变

向下层徐徐注入比重较重的材料，沉到底层的深色就会向上渐变为浅色。这是一种表现美丽色彩的手法。客人欣赏过杯中颜色渐变之后，通常应该用搅拌棒搅拌，调匀口味再饮用。

这里的例子是新加坡司令（Singapore Sling），它的底层注入了樱桃白兰地。此外，注入红石榴糖浆的龙舌兰日出（Tequila Sunrise）也很有名。

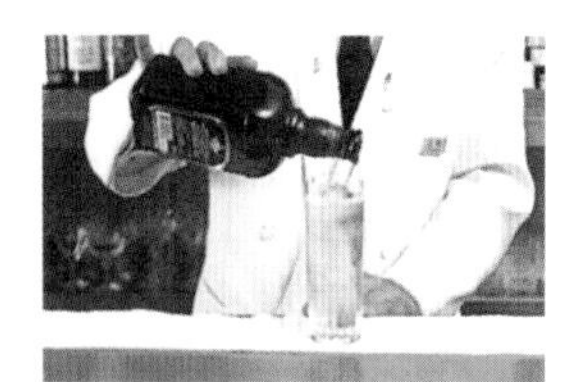

以小流量徐徐注入。新加坡司令是以金酒为基底、用摇和法调制的长饮鸡尾酒。渐变手法进一步烘托出樱桃白兰地悦目的色彩。

雪霜杯

这是用盐、砂糖等装饰杯口的手法。它不但美观，而且直接和嘴接触，因此也是鸡尾酒调味的一部分，所以重点在于蘸取盐或糖后形成的镶边粗细要尽可能均匀。

使用雪霜杯的鸡尾酒种类多样，包括咸狗（Salty Dog）、玛格丽特（Margarita）、热吻（Kiss of Fire）、雪国（Yukiguni）等。虽然酒杯形状各不相同，但是基本手法是共通的。

❶准备一个浅口盘，大小应足以倒扣在酒杯的杯口上，盘中薄薄铺一层盐。再备好一个水平切半的青柠。由于盘中容易残留湿气，使盐结块，所以要定期更换盐。

❷将杯口搭在青柠截面，两者夹角呈45度。保持此夹角，将酒杯旋转一周。用这个角度拿酒杯更稳，还能让杯口润湿的深度不变，也方便目视观察。

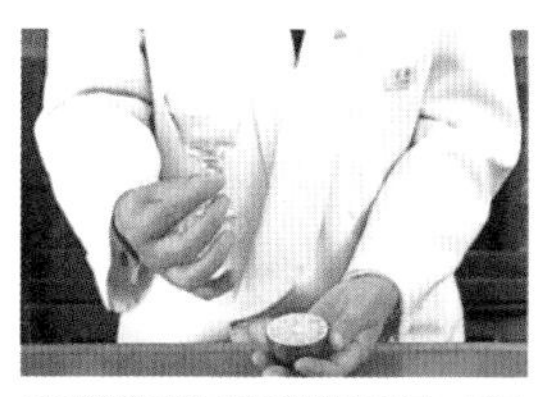

❸不能像照片中那样举起杯子。杯口旋转一周后，已经以均匀的深度润湿，一旦这样举起，果汁会从杯口向下淌，使得杯口润湿处呈波浪形，就无法均匀、美观地蘸盐了。

❹倒扣酒杯，将杯口直接插入盐中。

珊瑚杯

这是将雪霜杯的镶边上色、加宽后衍生出的装饰手法，灵感来自珊瑚礁。我在四款 C&C 自创鸡尾酒中采用了这一手法。这一系列自创鸡尾酒的名称都以英文字母 C 开头。除了城市珊瑚，还有宇宙珊瑚（Cosmic Coral）、神泉珊瑚（Castary Coral）等。

❶在较深的容器中准备盐和蓝色橙皮酒（Blue CuraCao Liqueur）。盐的深度即成品中珊瑚镶边的宽度。蓝色橙皮酒的深度应不小于盐的一半。

❷倒扣酒杯，浸在蓝色橙皮酒中。

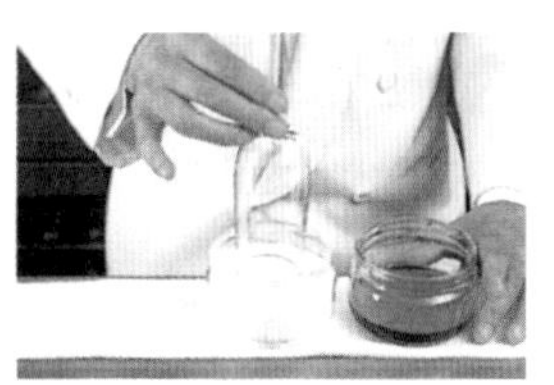

❸酒杯朝下，保持倒立，垂直插入盐中。

❹垂直向上抽出，去掉沾在杯内壁的盐，珊瑚杯就完成了。如果用哈密瓜利口酒或红石榴糖浆代替蓝色橙皮酒，珊瑚杯会呈现出别样的风情。

❺用手指轻敲杯身，敲落多余的盐，雪霜杯就完成了。如果用砂糖代替盐，就是糖边雪霜杯。

水果的切法

① 柠檬、青柠

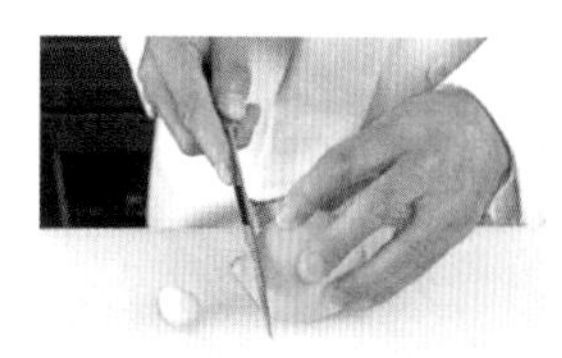

❶切去蒂部和脐部。

❷纵向切半，再三等分，切成楔形。

❸切除靠近中央的白色茎，去掉棱角。

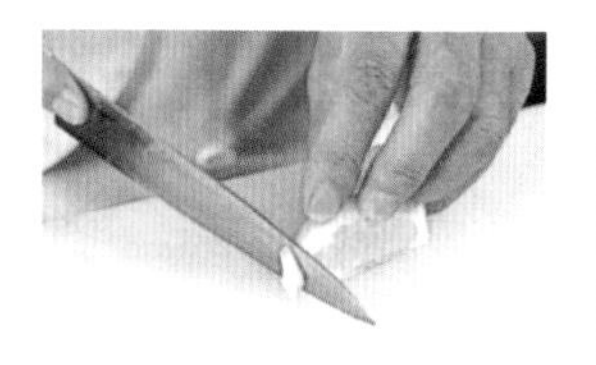

❹斜向切去柠檬两端，使其对称。

❺这是将柠檬切成六等份，并修好形状后的样子（右侧）。

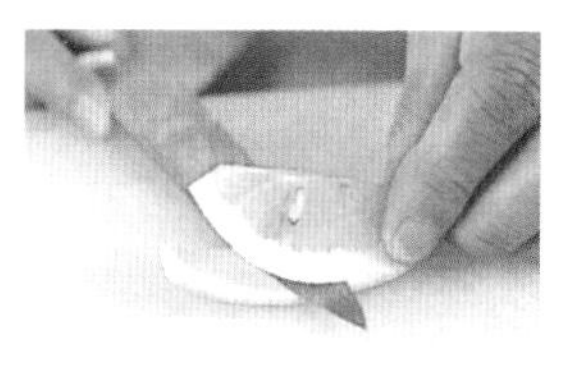

❻贴着表皮水平入刀，拉至2/3深处，片出薄薄的黄色表皮。

错误范例

▼

❶片开时，表皮不可切得太厚。

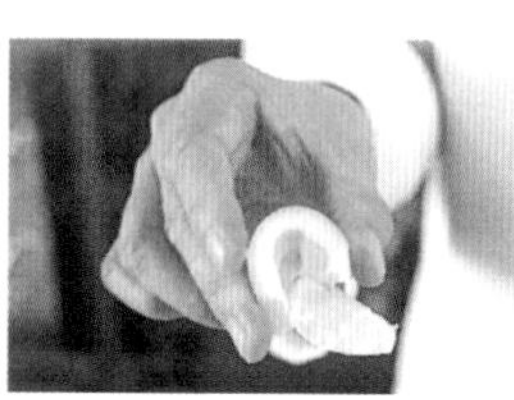

❷如果表皮太厚，客人捏住两端挤柠檬汁时，会如照片所示，果肉脱落，难以挤出果汁。

② 橙子

❶四等分后切成半圆形薄片。

❷与半圆形的直边平行，切一道口子，深度约为全长的一半，然后将其插在杯沿。

❸或者将果肉斜向割开后，插在杯沿作为装饰。

无色蒸馏酒

无色蒸馏酒轻盈的魅力

酒类按照制作工艺区分，大致分为蒸馏酒、酿造酒和配制酒（利口酒）三类（不过和日本酒税法[1]的分类不同）。

无色蒸馏酒以伏特加、金酒、龙舌兰酒、朗姆酒为代表，酒液无色透明。这四种常用作鸡尾酒的基酒，原料和制作工艺各不相同。虽然它们外观没有区别，但香气和口味完全不同，可以说四种酒各有千秋。

将它们根据个性鲜明程度排列，顺序如下：①龙舌兰酒，②金酒，③朗姆酒，④伏特加。伏特加完全没有特殊的味道，这反而成了它的个性。

这四种酒，每种都有多个类型、品牌。比如，同样是金酒，不同品牌的口味、香味、酒精度数都有差别，调成鸡尾酒后自然会呈现出口味差异。所以选择材料时，不要人云亦云，要实际试用所有种类，选择最适合的蒸馏酒。

我调酒时，为摇和法、搅拌法·兑和法、纯饮这几种饮用方式分

1 日本针对酒税征收、酒类制造及销售许可等制定的法律。2006 年 5 月修订后，该法律规定酒类分为发泡酒、酿造酒、蒸馏酒、配制酒四类。——译者注

别选择了合适的蒸馏酒品牌。接下来我会重点解说适用于摇和法的无色蒸馏酒。

适用于硬摇法的无色蒸馏酒

所有无色蒸馏酒都适合和果汁一起调制。但果汁通常难以与蒸馏酒融合。因此，调制含果汁的鸡尾酒时能充分发挥硬摇法混合材料的优势。

在此，我将以适合使用硬摇法为前提，围绕我店里选用的无色蒸馏酒，一一介绍各类蒸馏酒。

❶ 金酒

一般来说，金酒有个特点，就是几乎和任何基酒都相配，适用范围广。它也由此成为鸡尾酒中最常用的无色蒸馏酒。

但金酒并非没有个性。它的制作过程是将大麦、黑麦等谷物作为主要原料蒸馏后，和杜松子（刺柏属植物的松球）及其他草根、树皮一起再次蒸馏。在此过程中会产生独特的清爽香气，而这正是金酒的个性所在。

我使用摇和法时，选择哥顿金酒（Gordon's Gin）。因为它拥有金酒固有的风味和香气，韧劲十足。而硬摇法可以大大升华金酒刚强朴实的魅力。

使用搅拌法·兑和法时，犀利而都市风十足的必富达（Beefeater Gin）则是我爱不释手的品牌。

❷ 伏特加

为了确保基酒个性强韧，我选用斯米诺红牌伏特加（Smirnoff Red Label，40度）。虽然也有酒精度数更高的伏特加，但这一款即使调成鸡尾酒也能保留足够的酒香。

伏特加是以谷物为原料的蒸馏酒。它经过白桦木炭过滤，所以没有特异风味，和任何材料都相配。值得一提的是，适合搭配鲜果汁也是伏特加的一大特点。它不会削弱果汁的风味，而是用自身强烈的酒精味来衬托出果汁细腻的口感和芬芳。

此外，和利口酒一同调制时，伏特加还能进一步烘托出利口酒的美味，这也是它的魅力之一。

伏特加能强调甜味，所以和利口酒调配时，建议稍稍减小利口酒的用量。比如，将同样使用君度（Cointreau）和柠檬汁的两款酒——以金酒为基底的白色佳人（White Lady）和以伏特加为基底的巴拉莱卡（Balalaika）比较后发现，巴拉莱卡中君度的用量少1毫升～2毫升。

伏特加虽不张扬自身特质，却默默给予其他材料有力支持，真是蒸馏酒中具有奉献精神的“无名英雄”。

❸ 朗姆酒

朗姆酒是以甘蔗为原料的蒸馏酒，分属于无色和棕色蒸馏酒。这两类可根据酒液颜色来区分——前者无色透明，后者经橡木桶陈酿，呈金黄色或褐色。

按照颜色来细分，可以分成三种：古巴、波多黎各型白朗姆（white rum），常见于前法国殖民地的金朗姆（gold rum），以及牙买加型黑朗姆（dark rum）。按口味区分，则有淡、适中、浓三种。颜色深浅和味道浓淡并不一定一一对应，但白朗姆是唯一的例外，等同于清淡型朗姆酒。

我使用的是百加得（Bacardi）朗姆酒。它是最常用于调制鸡尾酒的朗姆酒品牌。而最早生产清淡型朗姆酒的，正是将第一家酒厂开在古巴的百加得公司。

朗姆酒也是百搭蒸馏酒。不过它的特别之处在于，调成鸡尾酒后回味令人难忘，能在品酒人舌尖留下一缕独特的风韵。

❹龙舌兰酒

这种蒸馏酒以龙舌兰属植物蓝色龙舌兰（Agave tequilana）为原料，在四种无色蒸馏酒中个性最为狂野张扬。

其中索查（Sauza）牌最能体现龙舌兰酒的特点，充满龙舌兰酒的原始风味。而且口味极其饱满，与硬摇法是天作之合。

龙舌兰酒中也有一种和朗姆酒一样，用橡木桶陈酿，形成淡黄色的酒液。陈酿两个月以上的是微陈级（Reposado），一年以上的是陈年级（Añejo）。陈年级龙舌兰酒留有橡木桶的香气，口味更显醇厚，但缺点是削弱了龙舌兰酒独特的香味和强烈个性。

棕色蒸馏酒

棕色蒸馏酒凸显鸡尾酒真谛

以威士忌、白兰地为代表的棕色蒸馏酒富有独特的香气和口味，是即使单饮也乐趣无穷的酒品。如此富有个性的酒该如何在鸡尾酒中大放异彩呢？

当鸡尾酒的基酒为棕色蒸馏酒时，使用摇和法调制的难度尤其高。下文将探讨此时该如何使用棕色蒸馏酒。

棕色蒸馏酒是在橡木桶中陈酿后酒体呈琥珀色的蒸馏酒的总称，其特征就是这一工序带来的独特的烘烤香气。

其中，威士忌、白兰地和黑朗姆常用于调制鸡尾酒。而根据主要原料和制作工艺不同，它们又可细分为若干小类。

威士忌有苏格兰威士忌、爱尔兰威士忌、波本威士忌、加拿大（黑麦）威士忌、日本威士忌这几类，白兰地则分为葡萄白兰地（干邑、雅邑）和水果白兰地（不包括无色透明的品种）。而即便是同一品牌，口味、价格也会因年份和等级而相差悬殊。

虽然棕色蒸馏酒种类繁多、广受欢迎，但和无色蒸馏酒相比，使用棕色蒸馏酒的鸡尾酒酒款少得多。这是为什么呢？

调制鸡尾酒的前提是，要让基酒表现出比单品更出色的风味。棕色蒸馏酒的完成度很高，所以难以进一步挖掘其美味。但正因为困难重重，才更能体现出调制鸡尾酒的意义和本质。从这一点来看，使用棕色蒸馏酒的鸡尾酒体现了调酒的真谛。

苏格兰威士忌的独特味道

苏格兰威士忌原产于苏格兰，分为三类——用大麦麦芽制成的纯麦威士忌，用大麦麦芽和谷物制成的谷物威士忌，以及由前两类配制成的混合威士忌。

现在最常用的是混合威士忌（以下简称为“苏格兰威士忌”）。它用谷物威士忌来软化纯麦威士忌强烈的个性，更易入口。换言之，它是一款像鸡尾酒的威士忌。像这种配制而成的酒，很难用硬摇法先将其彻底分解，再将各种口味重组。

此外，苏格兰威士忌摇和后，会产生涩味，这种涩味会干扰鸡尾酒的味道。因此与其用摇和法，搅拌法、兑和法才是更稳妥的选择。

我的自创鸡尾酒国王谷（King's Valley）由苏格兰威士忌、君度、青柠汁、蓝色橙皮酒调制成。我会从怀特马凯（Whyte & Mackay）和欧伯（Old Parr）这两种苏格兰威士忌中根据情况选择一种来调制。

相对来说，前者苏格兰威士忌特有的风味偏淡，所以没有涩味，出品非常顺口；而后者虽有鲜明的苏格兰威士忌风味，却涩味较少，所以调制后能品尝出以苏格兰威士忌为基酒的鸡尾酒本应具有的风味。所以为喜欢苏格兰威士忌的客人调酒时，我会选用后者。

同样是苏格兰威士忌，纯麦威士忌的原料只有大麦麦芽，而且制造工艺也不同，所以可能比混合威士忌更适合调制鸡尾酒。但它价格高昂，或许直接饮用才更能体现它的价值。

波本威士忌的魅力

威士忌中最适合使用硬摇法的，是波本威士忌。它的风味强劲到粗野。其中最强劲的要数老祖父（Old Grand-Dad）。但是它的酒瓶形状后来发生改变，不方便操作。所以除了这一款，我现在还用八年陈的金宾甄选（Beam's Choice）。

波本威士忌十分适合调制威士忌酸酒（Whiskey Sour）、纽约（New York）等含威士忌的鸡尾酒。要让含波本威士忌等棕色蒸馏酒的鸡尾酒更美味，诀窍就是合理搭配柠檬、青柠的酸和糖浆等材料的甜，从而巧妙掩盖威士忌的杂味。

葡萄白兰地和苹果白兰地

葡萄白兰地中，干邑和雅邑白兰地最常用。其中我使用的是口味强韧、适合硬摇法的轩尼诗 V.S. 级（干邑）。我认为越是像 V.S.O.P. 级那样香味奢华的白兰地，口味越是有失强韧。

但是，在搅拌法中，我会选择香味馥郁的 V.S.O.P. 级白兰地。

归入棕色蒸馏酒的水果白兰地中，我调制鸡尾酒时常用苹果白兰地。它的制作工艺为，将苹果汁发酵后制成苹果酒，再进一步蒸馏。

用青柠汁和红石榴糖浆制成的杰克玫瑰（Jack Rose）在标准酒谱中

需要使用产自美国的苹果白兰地，即苹果杰克（Laird's Apple Jack）。而我则使用香气扑鼻、产自诺曼底的卡尔瓦多斯酒（Calvados）。调制时，我减少红石榴糖浆的分量，用糖浆补充甜度，调整酸甜配比，由此形成一款清爽的得其利型鸡尾酒。

各种威士忌与酒款相配的程度

S= 苏格兰威士忌、I= 爱尔兰威士忌、B= 波本威士忌、C= 加拿大（黑麦）威士忌、J= 日本威士忌
○ = 适合、△ = 可以使用、×= 不适合

酒款名	S	I	B	C	J	备注
曼哈顿（Manhattan）	×	×	△	○	×	适合搭配黑麦威士忌（加拿大威士忌的主要原料是黑麦）。
罗布·罗伊（Rob Roy）	○	×	×	×	×	别名“苏格兰 · 曼哈顿”，是曼哈顿的苏格兰威士忌版。
威士忌酸酒	△	△	○	△	△	在美国用波本威士忌，在欧洲用苏格兰威士忌。
纽约	×	×	○	△	×	从酒名来看，当然要用波本威士忌。
古典（Old Fashioned）	△	△	○	△	△	也有酒谱用加拿大威士忌。
爱尔兰咖啡（Irish Coffee）	×	○	×	×	×	原则上要和名称一致，选择爱尔兰威士忌。
教父（God Father）	○	△	△	△	△	这一款从锈钉变化而来，要用苏格兰威士忌。用加拿大威士忌也很好入口。
锈钉	×	○	×	×	×	因为需要和杜林标（以苏格兰威士忌为基酒的利口酒）混合。
薄荷朱丽普（Mint Julep）	×	×	○	×	×	因为这款酒诞生于美国肯塔基州。
四叶草（Four Leaf Clover）	×	×	×	×	○	该作品曾在三得利调酒大赛中获奖。
国王谷	○	×	×	×	×	该作品曾在苏格兰威士忌协会主办的调酒大赛中获奖。
月亮河（Moon River）	×	×	○	×	×	这款酒的灵感来自电影《蒂凡尼的早餐》的主题曲。

摘自《鸡尾酒》（上田和男著，西东社出版）

黑朗姆的饮用方法

将糖蜜制成的朗姆酒放在橡木桶中陈酿，即可得到黑朗姆。它的酒液呈深深的糖蜜色，风味厚重。又称牙买加朗姆，知名品牌包括美雅士牌（Myers's)。可添加大量大块冰块直接饮用。

它的另一个特点是可用于制作热饮鸡尾酒，比如热黄油朗姆（Hot Buttered Rum)、热牛奶朗姆（Hot Rum Cow）等。

利口酒

利口酒的魅力

近年来，在日本国内的调酒大赛中，以利口酒为基酒，或将蒸馏酒比例减至 1/3，相应增加利口酒含量的酒款颇为引人注目。但这些酒款并没有因为利口酒的增加使成品变得甜腻，而是搭配果汁，控制甜度，让成品清新爽口。

此外，这几年荔枝利口酒蒂她（Dita）广受年轻女性青睐。香味浓郁的蒂她和柑橘类果汁十分合拍。综合考虑上述现象，会发现近期鸡尾酒的流行趋势就是低度酒。

以前如果客人想喝酒精度数较低的鸡尾酒，调酒师只需用利口酒调成偏甜口味即可。但低甜度加低酒度可是个刁钻的要求。

由于存在这样的趋势，近期广受关注的不是甜腻型利口酒，而是以桃趣（Peachtree）为代表的浓香型利口酒。

如今，按照如下方式调成的健康型鸡尾酒备受瞩目：使用由无色蒸馏酒制成的草莓、李子、荔枝、西瓜等口味的透明利口酒，加入柑橘类果汁，摇和加冰（摇和后在杯中加入大块冰块出品）调制。

但在古代，利口酒被人们当作廊酒（Benedictine）、查特酒（Chartreuse）等药酒饮用。虽说近年来度数低的酒越来越受欢迎，然而将浓厚的利口酒注入小酒杯，餐后悠然纯饮，也不失为一种愉悦的品鉴方式。还可以兑上苏打水，作为开胃酒饮用。

利口酒的定义和制作工艺

现在世界各地都在生产利口酒。在日本也有绿茶利口酒、蜜多丽（Midori）哈密瓜利口酒、樱花（Sakura）利口酒等别具特色的利口酒，受到全世界酒友的喜爱。但其实，利口酒没有全球通用的定义。

简单来说，最常见的利口酒，就是“在蒸馏酒中以某种方式加入香味成分，再添加甜味剂和色素配制成的酒”。

在日本，利口酒被归为配制酒。而配制酒中，不只有用蒸馏酒制成的利口酒，还有味美思等从葡萄酒衍生出的酒类，其原料是酿造酒。

下面我将详细介绍利口酒的制作工艺。首先关于主要原料——蒸馏酒。制造利口酒所需的最常见的蒸馏酒为中性蒸馏酒（原料种类不限，将其蒸馏到酒度 95 度以上，即酒精），不过也有一些利口酒使用无色或棕色蒸馏酒制作。

在此基础上添加香味成分。其原料分为四类：①香草、香辛料类，②水果类，③坚果、种子、果核类，④特殊原料类。

添加方式（制作工艺）也多种多样。大致可分为蒸馏法、浸渍法、配制法三种，即向用作基酒的蒸馏酒加入香味成分，再次蒸馏；或者在蒸馏酒中加入香味成分的原料长时间浸泡；或者加入浓缩后的香味精华。

向已加入香味成分的基酒中添加甜味剂和色素，有时再添加水，利口酒就制作完成。

利口酒的特征

富有独特的甘甜口味、色彩和香气——这就是利口酒的特征。尤其它那美丽的色彩，是成就美味鸡尾酒的一大关键要素。此外它还口味甘甜，有时能替代糖浆等甜味剂。

顺带一提,有一种利口酒名称中带有“crème de” 字样。该字样说明，这种利口酒的不挥发物含量大于酒精含量。但是，它的使用较为随意，没有严格的标准数值。

如何挑选利口酒

要集齐所有品种的利口酒几乎不可能，但至少应该准备好店内酒单所需的利口酒。

同时，同一种利口酒有多个生产厂家，选择哪个厂家，也让人犹豫不决。这其实只需根据个人喜好来判断。以我为例，我常选择只生产一类利口酒产品的厂家。比如，无色橙皮酒我选君度，橙色橙皮酒则选柑曼怡(Grand Marnier)。当然生产多种酒品的综合性厂家出产的利口酒中也有优秀的酒品，我也常使用。

选择利口酒的基本标准是口味和颜色。特别是橙色橙皮酒，如果不在酒谱中限定品牌，就不能体现特定的口味和颜色。

而开封后的保质期也是选择利口酒的一大指标。因为利口酒的用量比蒸馏酒少。一些保质期较短的利口酒，原本酒液澄清透明，可能过了两个月左右就开始浑浊。色彩也是鸡尾酒的灵魂，所以要常检查利口酒的新鲜度。

此外，由于利口酒的糖分含量较高，必须经常擦净瓶口。

调酒器具

先有摇酒壶，还是先有搅拌杯？

使用冰块的鸡尾酒发祥于美国，其契机是1879年林德发明制冰机。那么摇和法、搅拌法这两种技法，先出现的是哪一种呢？

英国萨伏伊酒店公开的鸡尾酒酒谱集《萨伏伊鸡尾酒会》（*The Savoy Cocktail Book*）初版中，马天尼是用摇和法调制成的，而若干次改版后，就变成了搅拌法。

“给我一杯马天尼。摇匀，加冰。”这是“007系列”电影中詹姆斯·邦德在酒吧点马天尼时的台词。

从这些线索来看，搅拌杯看似构造简单，但出现的时间可能晚于摇酒壶。或许可以推测，搅拌法是为了比摇和法更方便地调酒而发明出的技法。

摇酒壶的种类和功能

摇酒壶大致可分为两种：壶帽中附带滤冰器的类型（含滤冰器型）和不含滤冰器的类型（滤冰器独立型）。

众所周知，在日本最常用的是附带滤冰器的摇酒壶。而在欧美，则常用不含滤冰器的摇酒壶。

不含滤冰器的摇酒壶中，有一种叫波士顿摇酒壶。其构造是一个杯子上倒扣着一个大一圈的杯子。

可以想象，摇和法发明之初，就是组合两个杯子摇酒。后来为了便于倒入液体，在壶中加装滤冰器，如此升级原始形态，发明出的就是含滤冰器的摇酒壶吧。而将下方的杯子用于搅拌，可能就是搅拌法的雏形。

此外，还有一种带壶嘴的茶壶式摇酒壶，颇为奇特。

如何挑选摇酒壶

接着从实用角度考察含滤冰器型摇酒壶。首先是材质。不锈钢材质便于清洁，使用最方便，用海绵蘸水或中性洗涤剂清洗即可，而且十分牢固。

职业调酒师也可选用镍银摇酒壶。其优点是比不锈钢降温效果好。而且音质和不锈钢略有不同，冰块响声更为悦耳。

镍银摇酒壶清洁方法和不锈钢材质相同。不过,金属光泽变暗淡时,要用银器专用的抛光粉（也有膏状或液态的）上光。纯银摇酒壶材质过软，不建议使用。

镍银和不锈钢摇酒壶有一个差异，就是摇酒壶的形状。一般不锈钢摇酒壶壶身有弧度，而镍银材质的摇酒壶壶身多呈直线形。

在摇和法中，壶身的弧度有助于冰块旋转绕动，从而促进混合，所以壶身的弧度是个重要的特点。因此可根据鸡尾酒的特性选用适当材质的摇酒壶。

其次关于容量。根据硬摇法的原理,冰块量远大于酒量时效果更好,因此我调制一人份的酒时会选用三人份的摇酒壶。

滤冰器的滤孔也很重要，因为硬摇法特有的细密冰晶会从滤孔中撒出。不同摇酒壶，滤孔的大小、数量都不同，我优先选择滤孔较大的款式。如果滤孔一样大，就选滤孔多的摇酒壶。

如何挑选搅拌杯

建议使用厚玻璃材质、能稳稳放置的搅拌杯。这样一来，杯中酒液不易受到杯外空气的影响，还能隔绝手指的温度。

搅拌杯和摇酒壶不同，并非越大越好。不过容量较大，应用范围也会更广。

我曾在比赛中用过带脚的搅拌杯，它在调制多人份鸡尾酒时非常方便。普通搅拌杯如果容量加大，口径也会相应变大，无法单手握持，较深的款式则难以搅匀，所以我选择了带脚的搅拌杯。它的杯脚部分可以单手拿起，并且容量够大，方便倒酒。

搅拌杯尖嘴的形状不尽相同。建议试着倾倒液体，选择尖嘴处不容易挂液体、倒酒时干脆利落的款式。

这是附带滤冰器的摇酒壶，右边是最常见的式样。可以分别使用不同材质、容量的摇酒壶。比如，制作需要快速降温的短饮时，使用镍银材质、大容量的摇酒壶；制作难以混合的长饮时，使用不锈钢材质的摇酒壶。材料较厚的不锈钢摇酒壶更难导热，推荐使用。

这是需要另添滤冰器配合使用的摇酒壶，由两部分构成。右边是波士顿摇酒壶，壶身为玻璃材质，可用作搅拌杯；左边是仅由壶身和顶盖组成的摇酒壶，形状和含滤冰器的摇酒壶类似。

这是搅拌杯。右侧带杯脚，可以一次制作五人份的鸡尾酒。其特点是杯肚呈圆弧形，吧勺能大幅度来回划动，轨迹优美。左侧为普通款式，最多可调三人份的鸡尾酒。杯子前放着滤冰器，这是边缘留有半圆缺口供酒液流出的款式，本来用于搭配波士顿摇酒壶使用。无缺口的款式则可配合搅拌杯使用。一般来说有缺口的款式倒酒时更方便。

照片中从近到远分别是两把吧勺、海马刀（sommelier knife）、三种量酒器。为了搅拌时不碰碎冰块，我会斜向朝前将吧勺匙子伸入杯中。比起不锈钢材质，镍银材质的吧勺手感沉稳，闪着优雅的光泽。不同款式的勺柄螺纹宽度不同，要选择握持时顺手的螺纹。量酒器中，左侧是日本最常见的款式，右边两只是欧美常用的款式。

鸡尾酒杯

美味鸡尾酒的精彩配角

调制鸡尾酒时，酒杯是不容忽视的要素。即便同一款酒，只要更换酒杯款式，也能改变酒的意境。有些鸡尾酒的酒谱还规定了酒杯的款式。也就是说，在鸡尾酒酒体的意象和特质给人留下鲜明印象的过程中，酒杯也发挥着重要作用。

鸡尾酒的酒体是当仁不让的主角，酒杯则是烘托主角的配角。但它不是默默无名的小配角，而必须是出彩的配角。因为酒杯的选择体现着调酒师的个性和想法。

接下来谈谈如何挑选酒杯。我选用的酒杯式样较为简洁。为了充分映衬鸡尾酒的色彩和气泡、漂浮在表面的小冰晶等元素，我选择杯身部分雕花、彩绘较少的款式。为避免酒杯风头盖过鸡尾酒这位主角，我认为不应选择装饰过于繁复的酒杯。

此外，杯壁较薄的款式可能更容易让人品尝到美味。实际上许多客人都喜欢杯壁纤薄的酒杯。

最重要的是，调酒师要能对所调酒款有具体、明确的意象，并选择与之合拍的酒杯。例如，为马天尼选择口径大、杯口较为开敞的酒杯，为得其利选择直线形、线条硬朗犀利的酒杯。这样结合意象精挑细选，就能让鸡尾酒更显美味可口。

那么，具体有哪些酒杯呢？下文便介绍各种典型的鸡尾酒杯。

圆身鸡尾酒杯

这些酒杯杯身向外鼓出、呈圆弧形，给人以甜蜜的印象。左起第二只磨砂玻璃上的雕花充满日式风情，所以我将其用于日式名称或用到日式材料的酒款。第三只是曼哈顿专用杯，第四只适合用于边车等鸡尾酒。最右边则是一款通用型酒杯。

岩石杯

岩石杯的形状五花八门。有的杯身呈直线形，有的杯口比杯底大、斜向上敞开，还有一些杯身呈弧形……除了用于加冰饮用单品，还可用于加冰饮用的鸡尾酒，比如神风（Kami-Kaze）、查理·卓别林（Charlie Chaplin）、海风（Sea Breeze）等。

三角形鸡尾酒杯

这些线条犀利的酒杯可用于干型或清爽型鸡尾酒。最左边那只可用于竹子（Bamboo）、阿多尼斯（Adonis）等。旁边两只是通用型酒杯，与得其利等酒款意象相合。而纤瘦、高挑的酒杯和吉布森（Gibson）等酒款十分相称。

葡萄酒杯

左边两只分别用来品尝白葡萄酒、红葡萄酒，还可以代替高脚酒杯用于黛西(Daisy)、菲克斯(Fix)等酒款。接下来两只则是香槟杯，碟形的用于香槟鸡尾酒(champagne cocktail)、红粉佳人(Pink Lady)等复古酒款；而形状优美的笛形香槟杯则用于皇家基尔(Kir Royal)、含羞草(Mimosa)等。

长饮杯

这些酒杯用于调制长饮。从左到右依次是：带把手的热饮杯，比高球杯再高一些的柯林杯(Collins glass)，可搭配含果汁、适合女性饮用的鸡尾酒的僵尸酒杯(zombie glass)，又称皮尔森杯(pilsner)，最右边两只都是高球杯。我将直筒杯身的高球杯用来调制鸡尾酒，而只需兑水饮用、无需调酒技术时，就选用杯身呈弧线形、给人以高雅印象的高球杯，以强调酒品的存在感。

经典鸡尾酒

* 所用材料（蒸馏酒除外）、酒杯等，若无特别说明，均需提前在冰箱中冷藏。
* 本章节省略了一些制作方法的细节解说，但如《调酒基础知识》中所述，
摇和、搅拌时，要在摇酒壶和搅拌杯中加入适量冰块。
* 在材料栏中，酒名后括号内的信息为品牌名或生产商名。
而制作方法栏中，酒名后括号内的信息为酒的种类。
* 以上三点也适用于《自创鸡尾酒》部分。

| 基酒为金酒 |

马天尼

马天尼引进日本已有 70 多年。在数百种鸡尾酒中，它至今仍高居最受欢迎酒款的宝座，地位不可撼动，人称“鸡尾酒之王”。

有许多品酒人都对马天尼有独到的见解。不只品酒人，众多调酒师也通过它透明的酒液展现自身理念。令人津津乐道的马天尼究竟拥有怎样的魅力?

它的主要材料金酒具有独特的迷人芬芳。我认为金酒的芬芳是马天尼适合日常饮用的原因之一。而正因为它由金酒搭配干味美思制成，构造简单，所以调酒人能轻松改变鸡尾酒的调味。以上两点都是马天尼得到众人喜爱的重要缘故吧。无论品酒人还是调酒人，都能通过马天尼充分表达自己的想法。

于是乎，马天尼名下诞生了无数酒谱。用于马天尼的材料包括：干金酒、干味美思、苦精、橄榄、柠檬皮（用于增香）等。仅改变材料的搭配，就可得出八种马天尼酒谱。而且将不同的材料以不同的用量组合能调出不同风味，或者换用不同品牌的基酒，出品口味也会变化，所以马天尼的酒谱种类数不胜数。

另外，马天尼的风味也能敏锐地反映社会形势和时代变迁。当今潮流是，包括鸡尾酒在内，所有酒类的口味都倾向于低甜度、偏干口感。随着这一趋势愈演愈烈，马天尼的口味也逐渐偏向极干。

标准酒谱

干金酒 3/4

干味美思 1/4

上田和男酒谱

干金酒（必富达）5/6

干味美思（诺里普拉）1/6

夹心去核橄榄 1 颗

柠檬皮（用于增香）

载杯

鸡尾酒杯

向搅拌杯加入干金酒、干味美思后搅拌，注入鸡尾酒杯。用酒签插起夹心去核橄榄作为装饰，用柠檬皮增香。

左边是干味美思马天尼（Martini Extra Dry），右边是诺里普拉。诺里普拉偏琥珀色，口味更甘甜。

我认为马天尼的原型是金和义（Gin & It）。后者用金酒和甜味美思调制，比例是一比一。

将甜味美思换成干味美思，马天尼就诞生了。一开始金酒和干味美思的比例是二比一。还有一款干马天尼，与马天尼相区别，金酒、干味美思之比为三比一。

但随着人们日益偏好干烈口感，马天尼和干马天尼的区别渐渐消失，互相等同，相对干味美思，金酒的用量越来越多。

于是出现了以下调法：金酒与干味美思之比最高达二十比一，或者只喷洒味美思，或者只用味美思洗杯（在搅拌杯中加入冰块，然后注入味美思，搅拌后倒掉味美思，最后用这些冰块搅拌金酒）。最夸张的是，有人边看味美思的酒瓶边喝金酒。

也有酒吧将如此调出的酒称作“马天尼”出品，但我认为这不是马天尼。金酒和干味美思充分融合后，能消除金酒特有的辛辣口感，产生另一番风味——

马天尼所用材料及各种组合

[马天尼所用材料]

①干金酒
②干味美思
③苦精
④夹心去核橄榄
⑤柠檬皮（用于增香）

[材料组合的部分示例]

A. ①+②
B. ①+②+③
C. ①+②+④
D. ①+②+⑤
E. ①+②+③+④
F. ①+②+③+⑤
G. ①+②+④+⑤
H. ①+②+③+④+⑤

这才是真正的马天尼。这款酒的意义并不在于体现金酒的美味。所以我认为一款酒要能称作“马天尼”，调成偏干口感时，金酒和干味美思之比应在六比一以下。即使将金酒比例调到最高，也应该控制在七比一左右。

最近我发现，品酒人的喜好正从“极干”慢慢恢复到“较干”。而调制马天尼的重点显然在于搅拌技巧，它是最能体现搅拌法难度的酒款。

想调制出好喝的马天尼没有捷径可循，只能用心、专心地搅拌。如此日积月累的实践才能成就一杯美味马天尼。还有，用柠檬皮增香这最后一道工序也不能马虎，必须用正确手法完成。

吉布森

这款酒是美国插画家查尔斯·吉布森（Charles Dana Gibson）的最爱，因此酒名“吉布森”也取自他的姓氏。在《萨伏伊鸡尾酒会》的初版中，它和马天尼一样，都使用摇和法调制，但随着它走向世界，调法也变为搅拌法。不过时至今日，仍有一些酒谱用摇和法制作吉布森。

初创时，吉布森是一款里程碑式的极干鸡尾酒。但由于马天尼的口味越来越偏干，出现了比吉布森更干的马天尼。

如今两者最大的不同仅限于装饰方法。马天尼用橄榄来装饰，而吉布森用珍珠洋葱来点缀。

无论如何，马天尼和吉布森都是口味有所区别的两款酒。如果调成极干的马天尼比吉布森更干烈，区分这两款酒就显得毫无意义了。

所以我认为，调成偏干口感时，两款酒基酒的最佳配比分别为马天尼五比一，吉布森六比一。我自己调制时，会留心让吉布森比马天尼更干。

我推荐使用线条流畅的鸡尾酒杯，以呼应查尔斯·吉布森笔下苗条女郎的身姿。这样的酒杯和辛辣口感的吉布森最为相称。

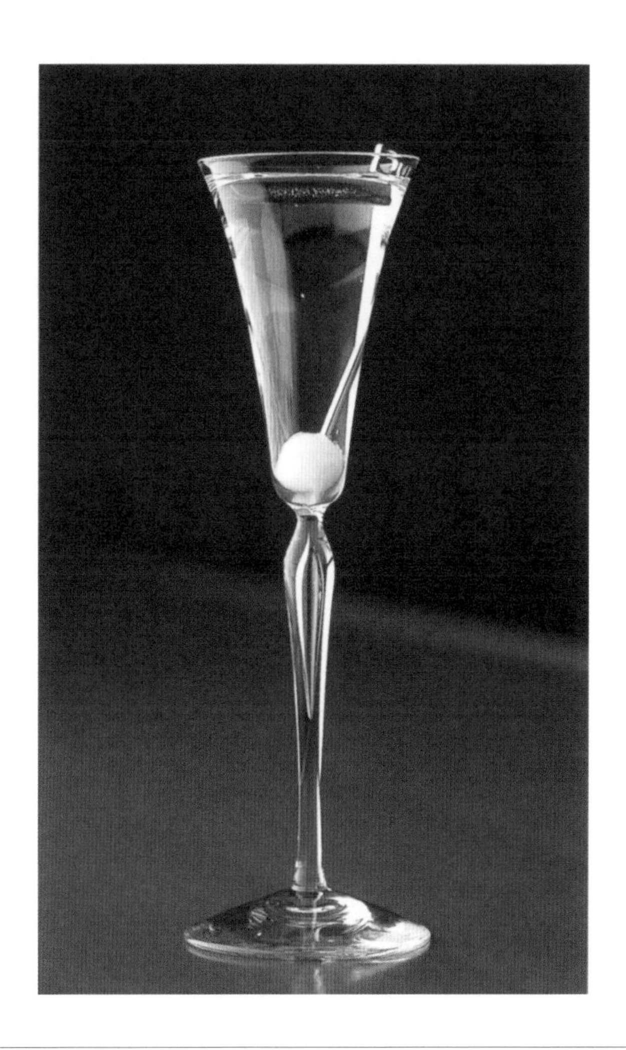

标准酒谱

干金酒 5/6

干味美思 1/6

珍珠洋葱 1 颗

上田和男酒谱

干金酒（必富达）6/7

干味美思（诺里普拉）1/7

珍珠洋葱 1 颗

载杯

鸡尾酒杯

向搅拌杯中加入干金酒、干味美思搅拌，将搅拌好的酒液注入鸡尾酒杯。用酒签插起珍珠洋葱放入杯中装饰。

吉姆雷特

在杯口宽大的碟形香槟杯中，漂浮着一颗圆润的冰粒，周围覆着细密的冰晶。这就是我用硬摇法调出的吉姆雷特。这种形式沿袭了东京会馆的调制风格——在香槟杯中加一颗冰粒。

从前东京会馆的吉姆雷特采用糖边雪霜杯作为装饰。选用碟形杯是为了让雪霜杯的镶边更显优美。而之所以加入一颗冰粒，可能是为了令大酒杯保持低温吧。

雪霜杯于昭和二三十年引进日本，当时几乎都用砂糖来制作镶边。这或许是因为，那个年代的甜味材料还是奢侈品，人们对甜味情有独钟。在热吻、我的东京（My Tokyo）等酒款中也能见到此类糖边。时代变了，人们逐渐注重减少糖分摄入，吉姆雷特的糖边装饰才消失的吧。弃用糖边后，碟形香槟杯这一要素依旧保留至今。

而我调制吉姆雷特时，用鲜青柠汁代替青柠甜果汁（加入甜味成分的糖浆型果汁）。我猜调出第一杯吉姆雷特的调酒师是因为手头没有鲜青柠汁才选择这种果汁的。现在购买新鲜青柠十分方便，所以改用鲜果汁也算是因利乘便。

我还添加糖浆来增添甜味。在含果汁的鸡尾酒中，无论偏干口感如何盛行，蒸馏酒和果汁按三比一配比才能达到完美的平衡。再加入 1 茶匙糖分，方能形成和谐的酸甜口味，调出吉姆雷特的独特风味。

标准酒谱

干金酒 3/4

青柠甜果汁 1/4

上田和男酒谱

干金酒（哥顿）3/4

鲜青柠汁 1/4

糖浆 1 茶匙

载杯

碟形香槟杯

将干金酒、鲜青柠汁、糖浆加入摇酒壶中摇和，然后将其注入香槟杯，并在杯中加入 1 颗摇酒壶内的冰粒。

最近也有不使用砂糖、所谓“干吉姆雷特”的酒谱。但可以断言，这已经不是吉姆雷特了。

照片中为青柠甜果汁。从左到右，生产厂商分别为明治屋和罗斯（Rose' s），都是加入糖分的糖浆型果汁。

阿拉斯加

本来这款酒应用摇和法调制，其目的当然是混合并冷却材料。但我所用的硬摇法的特征是，向材料注入空气，形成圆润的口感。而阿拉斯加、史汀格、俄罗斯人等酒款中，没有果汁或奶油，仅由基酒（蒸馏酒）和甜味成分构成，调制时很难通过摇和注入空气（维持气泡）。

既然如此，改用搅拌法是否效果更好？出于这样的想法，我尝试用搅拌法来调制这三款鸡尾酒。

改用搅拌法后，我得以将标准酒谱中干金酒和查特酒三比一的配比提升到五比一，形成更干的口感。尽管削弱了查特酒强烈的甜味，形成清爽的辛辣口味，但依旧凸显了它的香气。可以说，搅拌法能够体现混合的妙趣，彰显两种基酒的个性。

但是，我到最后还为难以达到摇和法的降温效果而发愁。想到“阿拉斯加”这一酒名带来的寒意，或许使用摇和法让摇酒壶挂霜，充分冷却酒体，才是最切题的手法。

重视口味，就搅拌；重视意象，就摇和。根据客人的喜好，摇和调制也未尝不可。但摇和时，如果要调偏干口味，基酒配比最多是四比一。

如果使用绿色查特酒，就成了“绿色阿拉斯加”。

标准酒谱

干金酒 3/4

黄色查特酒 1/4

上田和男酒谱

干金酒（必富达）5/6

黄色查特酒 1/6

载杯

鸡尾酒杯

将干金酒、黄色查特酒加入搅拌杯中搅拌，然后注入鸡尾酒杯。

金比特

调制这款酒时，为了让金酒充分预降温，要提前冷冻，而不是冷藏。这是因为金比特的目的就是强调金酒本身的美味，因此也要根据客人的喜好选用特定的金酒品牌来调制。

正因为这是一款历史悠久的鸡尾酒，所以它有各式各样的变体。据说从前最常见的饮用形式是在杯中加入大块冰块。载杯也有多种选择，可用鸡尾酒杯或雪利酒杯。我选择的是带杯脚的烈酒杯。无论选择哪种酒杯，都要预先给载杯降温。

调制方法也有若干种。标准酒谱中，需要用 2 抖振～ 3 抖振（dash）苦精洗杯，再注入金酒。此外还有酒谱使用搅拌法，但由于现在酒吧已经普遍使用冷冻库，我认为没有必要通过搅拌法给金酒降温。

我调制时，先向冷却后的带脚烈酒杯中滴入 3 滴苦精，再注入充分冷冻后的干金酒，接着滴入 2 滴苦精。在一开始和最后分别滴入 2 滴～ 3 滴苦精，就能品尝出苦精和金酒自然融合的风味。

这款酒又称为“粉红金酒”（Pink Gin)。如果用橙味苦精（orange bitters）代替安高天娜苦精（Angostura bitters)，酒名就成了“黄色金酒”（Yellow Gin)。

标准酒谱

干金酒 1 杯

安高天娜苦精 2 ～ 3 抖振

上田和男酒谱

干金酒 1 杯

安高天娜苦精 5 滴

载杯

烈酒杯（有杯脚）

向烈酒杯中滴入 3 滴安高天娜苦精，然后注入提前冷冻好的干金酒，再滴入 2 滴安高天娜苦精。

金汤力

汤力水兑金酒——这款酒用材极为简单，而且爽口无比，沁人心脾。这正是金汤力在世界各地都备受青睐的原因。它也成为兑和调制的酒款中最受欢迎的一种。

但饮品的构造越简单，越能直观体现口味差异。金汤力既可能气泡散尽、口感无力，也可能喝到最后一口都风味强劲、令人感到清凉。

这种差异首先来自调酒师对兑和技术的理解。兑和时只需将材料注入酒杯，所以可看作最简单的调酒方法。但是，能否理解如此单纯的动作中哪个要点最关键，并在此基础上操作，将大大左右金汤力的出品口味。

首先来考察如何使用汤力水。它的处理方法是给金汤力营造清凉口感的首要因素。因为使用汤力水时决不能让碳酸流失，所以要将它徐徐注入杯中，避开冰块，以免让汽水和冰块直接接触，而且不可过度搅拌。而所谓“适量”的用量也暗藏玄机，用量太多会令口味显得寡淡，我认为最大用量是 60 毫升。

其次是基酒需要预降温。如果基酒温度够低，就能防止融水过多、口味变淡。考虑到这能弥补技术上的欠缺，我强烈建议大家做好预降温。最后，我会用新鲜青柠增添怡人的芬芳。

如上文所述，希望各位能思考如何调制出让客人喝到的最后一口

标准酒谱

干金酒 45 毫升

汤力水 适量

上田和男酒谱

干金酒（必富达）45 毫升

汤力水 适量

青柠 1/6 个（制成果汁后约 5 毫升）

载杯

高球杯

向高球杯中加入冰块，挤入青柠角的果汁，挤好的青柠也放入杯中。注入金酒，徐徐注入汤力水，直到加满，轻轻搅拌。若酸味不够，补加鲜青柠汁。

都冰凉爽口的金汤力，认真调制。如果无法如此用心，就调不出好喝的金汤力。

最后关于干金酒的品牌。我一般选用口感均衡的必富达，不过添加利（Tanqueray）会让出品更轻盈爽快，哥顿则香气扑鼻、更显甘甜，而孟买蓝宝石（Bombay Sapphire）能令风味浓郁，营造出别具风情的金汤力。

白色佳人

这是边车型鸡尾酒之一。边车原本就是将白色佳人的基酒由金酒改成白兰地形成的，可以说白色佳人才是边车的原型。

但随着时代变迁，边车日益受到青睐，成为一种基础酒款。现在它和白色佳人互换了地位，以至于白色佳人有了“金酒边车”的别名。

我的酒谱以硬摇法为前提，和标准酒谱相比，减少了君度和鲜柠檬汁的用量。为了控制君度的甜味，营造清新爽口的风味，在减少甜味的同时，减少了酸味成分（柠檬汁）的用量。即使根据客人的偏好调制更干烈的口味，也要注意不破坏这种均衡——如果降低了甜度，就要同时降低酸度。

成品美妙的乳白色正契合“白色佳人”的芳名。建议使用造型柔美、富有女性特质的酒杯。

此外，红粉佳人这款酒用红石榴糖浆和蛋清来代替君度。有人将白色佳人作为红粉佳人的姐妹酒款，也加入蛋清调制。但我认为白色佳人原本具有清爽的口感，易于入口，加入蛋清就破坏了这一优点。我还是想让这款酒调制后呈现出清新爽口的风味。

标准酒谱

干金酒 2/4

无色橙皮酒 1/4

柠檬汁 1/4

上田和男酒谱

干金酒（哥顿）4/6

君度 1/6

鲜柠檬汁 1/6

载杯

鸡尾酒杯

向摇酒壶加入干金酒、君度（无色橙皮酒）和鲜柠檬汁摇和，注入鸡尾酒杯。

吉姆雷特高球

这是用苏打水兑吉姆雷特制成的高球。本来“高球”就不只是苏打水兑成的饮料，而是用姜汁汽水、汤力水等汽水兑成的饮品的总称。因此金汤力也可看作是一种高球。

在日本，用苏打水兑威士忌制成的威士忌高球最受欢迎。在很多日本人心目中，高球就等同于威士忌兑苏打水吧。

言归正传。调制高球型鸡尾酒的前提就是用汽水兑基酒，所以重在仔细做好短饮基底。吉姆雷特高球也应该充分摇和，令酒体表面漂浮一层细密的冰晶。此外，为了酒体在兑入汽水后口味依旧饱满，我会加入较多甜味成分。

这一款酒相当于将金菲士的柠檬换成青柠，减少糖浆用量，成品更为清淡爽口，是 TENDER 酒吧最受欢迎的酒款之一。它复古的酒名也得到了客人的好评。

除了这一款以外，高球型鸡尾酒还有亚玛匹康高球（Amer Picon Highball）。威士忌高球则根据所用材料，分为波本高球和黑麦高球。

标准酒谱

干金酒 45 毫升

青柠汁 15 毫升

糖粉 1 茶匙

苏打水 适量

上田和男酒谱

干金酒（哥顿）45 毫升

鲜青柠汁 15 毫升

糖浆 1+1/2 茶匙

苏打水 适量

载杯

高球杯

将干金酒、鲜青柠汁、糖浆加入摇酒壶中摇和，注入高球杯。加入冰块，注满苏打水。

| 基酒为白兰地 |

边车

这是用摇酒壶制作的短饮鸡尾酒中的基础酒款。拥有类似边车的酸甜均衡口感的酒款为数众多，所以我将蒸馏酒、甜味、酸味配比与边车相同的酒款归类为边车型。

在标准酒谱中，该配比为二比一比一。但我将该配比提高，最大为四比一比一，形成偏干口感。如果使用硬摇法调制边车，并保证口味均衡，四比一比一就是偏干口感的最大配比。

想要改变口味配比时，如果减少甜味，一定要相应减少酸味。这是调酒时的一条铁则。如果只减少酸味或甜味材料的用量，口感就会失去平衡。但如果客人偏好酸味，我认为用量最多可调整为干邑白兰地 40 毫升、君度 9 毫升、柠檬汁 11 毫升。

我也见过一些酒谱只加入极少量的柠檬汁和君度以增香，形成极干的口感。但这样就不是边车的味道，恐怕应当作另一款酒来看待。

在边车型（四比一比一）的鸡尾酒中，用作基酒的蒸馏酒自不必说，甜味、酸味材料也有形形色色的搭配。可以同时使用两种甜味材料，比如红石榴糖浆和普通糖浆，或者组合两种酸味材料。

研制自创鸡尾酒或自行调整标准酒谱时，只要不改变四比一比一的配比，相信口味不会出现重大缺陷。但所用甜味、酸味材料各自的酸甜风味肯定有强有弱，要根据其特点精细调整，这也是展现调酒技术的重要环节。

标准酒谱

白兰地 2/4

无色橙皮酒 1/4

柠檬汁 1/4

上田和男酒谱

干邑白兰地（轩尼诗 V.S.）4/6

君度 1/6

鲜柠檬汁 1/6

载杯

鸡尾酒杯

将干邑白兰地、君度（无色橙皮酒）、鲜柠檬汁加入摇酒壶中摇和，注入鸡尾酒杯。

史汀格

史汀格是一款不加果汁，仅用蒸馏酒和甜味材料调制的鸡尾酒。

和阿拉斯加一样，它一般用摇和法调制。摇和的目的是让材料迅速降温并充分混合。而我多年研究摇和法后形成的硬摇法的特征是，将果汁、奶油等难以混合的材料完美融合，并充入气泡，形成柔和的口感。

因此，对于只用蒸馏酒和甜味材料调制，相对容易混合的酒款，即便用摇和法，口味也不会有明显变化，也无法保持气泡。换言之，对我而言这样的鸡尾酒不适合摇和调制。

于是我干脆不用摇和法，尝试搅拌调制史汀格。就像马天尼最初用摇和法调制，现在一般用搅拌法一样，改用搅拌法制作史汀格也合情合理。虽然这是个艰巨的挑战，但值得一试。所以使用伏特加代替干邑白兰地调制伏特加史汀格时，也可以如此尝试。

我用轩尼诗 V.S.O.P. 作为基酒，代替适用于硬摇法的 V.S.，进一步凸显白兰地的风味。我的酒谱配比为四比一，口感辛辣清爽。由于使用了搅拌法，即使削弱了甜味，也能充分发挥各种酒的特性，所以即使把比例提高到五比一、口味更干，也不会抹杀薄荷的风味。我认为调整配比时，这就是偏干口味的上限。

希望这款酒能让品酒人充分领略白兰地和薄荷的香气。

标准酒谱

白兰地 2/3

白薄荷利口酒

（Crème de Menthe）1/3

上田和男酒谱

干邑白兰地（轩尼诗 V.S.O.P.）4/5

白薄荷酒（get31）1/5

载杯

鸡尾酒杯

将干邑白兰地、白薄荷酒加入搅拌杯中搅拌，注入鸡尾酒杯。

亚历山大

这款酒是为了献给英国国王爱德华七世的王后亚历山德拉而特别调制的。

它和青草蜢（Grasshopper）一样，是含鲜奶油的酒款之一，需要长时间用力摇和。但由于我比标准酒谱使用更多白兰地，所以与青草蜢相比，摇和所用时间短一些，力度也稍小。如果过度摇和，会导致奶油水油分离、口味过淡，所以要注意控制时长和力度。

亚历山大诞生至今，常作为餐后酒饮用，而过去人们为了使餐后的口腔更清爽，常撒上现磨的肉豆蔻。此外，这款酒刚登陆日本时，日本人还不习惯鲜奶油的味道，所以撒肉豆蔻可能也是为了遮盖这种味道。

但现在，已经没有人讨厌鲜奶油的味道，调制时一般也会少加甜味材料和鲜奶油，形成清爽的口感，所以我认为没有必要再加肉豆蔻。在其他国家，撒肉豆蔻的做法也很少见。

也有酒谱规定等量加入白兰地、可可甜酒（creme de cacao）、鲜奶油这三种材料，但从时代风向来看，人们倾向于饮用不甜腻、较干烈的鸡尾酒。我认为调制口感偏干的亚历山大时，材料配比上限是四比一比一。

标准酒谱

白兰地 2/4

棕可可甜酒 1/4

鲜奶油 1/4

上田和男酒谱

干邑白兰地（轩尼诗 V.S.）4/6

棕可可甜酒（DeKuyper，译作迪可派）1/6

鲜奶油 1/6

载杯

鸡尾酒杯

将干邑白兰地、棕可可甜酒、鲜奶油加入摇酒壶中摇和，注入鸡尾酒杯。

杰克玫瑰

这款酒来自美国，酒名取自材料中所含的美国产苹果白兰地——苹果杰克。

标准酒谱将它视作边车的变体，加入较多红石榴糖浆来调制。但我把它看作得其利型鸡尾酒的一种，即在基酒中加入酸味材料调制的酒款，所以减少了红石榴糖浆的用量。这是因为我想用新鲜青柠的酸味让整体风味犀利鲜明，以凸显苹果的清新。

此外，为了充分表现硬摇法的气泡为酒体带来的柔和色泽，我认为仅加入少量红石榴糖浆为酒体淡淡着色，并用糖浆补充甜味即可。减少红石榴糖浆的用量，就能削弱它所含人工成分带来的单薄口感，凸显苹果白兰地的风味。

原始酒谱要求用美国产的苹果白兰地，但同样由苹果制成的苹果白兰地中，法国诺曼底产的卡尔瓦多斯酒在口味和香气两方面都更优秀，所以我选择卡尔瓦多斯酒。

产地、年份不同的卡尔瓦多斯酒，价格也高低不等。我选用的是法国布拉德牌（Boulard）卡尔瓦多斯酒中较为高端的产品。它经得起硬摇法的剧烈摇和，以口味强韧、香味馥郁著称。

这款酒酸甜的香气令人想起玫瑰。

标准酒谱

苹果杰克 2/4

青柠汁 1/4

红石榴糖浆 1/4

上田和男酒谱

卡尔瓦多斯酒（Boulard Grand Solage，译作布拉德典藏）3/4

鲜青柠汁 1/4

红石榴糖浆（明治屋）1 茶匙

糖浆 1 茶匙

载杯

鸡尾酒杯

将卡尔瓦多斯酒、鲜青柠汁、红石榴糖浆、糖浆加入摇酒壶中摇和，注入鸡尾酒杯。

白兰地酸酒

这是一款酸酒型鸡尾酒。所谓酸酒型就是在蒸馏酒中加入酸甜风味，通过摇和调制的一类鸡尾酒，特点是具有鲜明的酸味。它分为两种：加入少量汽水（苏打水）的英国式和不加汽水的美国式。

我采用美国式来调制酸酒。一般来说，普通酒款的基酒（蒸馏酒）和酸味材料之比为三比一时，可以形成均衡和谐的风味，但在酸酒中我稍稍多加鲜柠檬汁，减少甜味材料，以突出酸味。

以使用硬摇法为前提，我选择口味强劲的白兰地——轩尼诗 V.S.。甜味材料则选用糖浆，以保持成品澄清，因为白砂糖无法充分溶解，而糖粉虽然容易溶解，却会使成品显得浑浊。

此外，在装饰手法上，一般会用橙片和酒浸樱桃来点缀。我将柠檬汁加入酒液后，会切一片柠檬作为装饰，出品时再加一颗冰粒。载杯可选用酸酒专用的酸酒杯（120 毫升），但不一定拘泥于这种酒杯。

除了白兰地，用威士忌调成的威士忌酸酒也是大热酒款。最近使用阿夸维特（Aquavit, Akvavit）调制的阿夸维特酸酒也崭露头角。此外，我还见过用利口酒调制的酸酒，但我对使用利口酒调制的酸酒依旧心怀疑问。

标准酒谱

白兰地 45 毫升

柠檬汁 20 毫升

砂糖 1 茶匙

橙片 1 片

酒浸樱桃 1 颗

上田和男酒谱

干邑白兰地（轩尼诗 V.S.）45 毫升

鲜柠檬汁 20 毫升

糖浆 1 茶匙

柠檬片 1 片

载杯

酸酒杯

将干邑白兰地、鲜柠檬汁、糖浆加入摇酒壶中摇和，注入酸酒杯。加入 1 颗冰粒，用柠檬片装饰。

| 基酒为威士忌 |

曼哈顿

曼哈顿是为了表现纽约曼哈顿的落日而创作的。甜味美思给威士忌增添了一抹夕阳的红色。据说，这款酒诞生之初，英国前首相丘吉尔出生于美国的母亲就对它钟爱有加，常在纽约的曼哈顿俱乐部（Manhattan Club）品尝。

它曾被誉为“鸡尾酒女王”，和马天尼相提并论，但如今已稍显过气。然而，这毕竟是一款代代相传的鸡尾酒，诞生至今产生了众多衍生酒谱。

其中具有代表性的变体包括：将基酒（Rye Whisky，译作黑麦威士忌）换成波本威士忌的波本曼哈顿；或换成苏格兰威士忌的苏格兰曼哈顿（或称 Rob Roy，译作罗布·罗伊）；将甜味美思换成干味美思的干曼哈顿；等等。

人们对曼哈顿也和马天尼一样，日益偏好干烈口感。标准酒谱中基酒和味美思的配比是三比一，而我认为最佳配比是四比一。想调成极干口味时，上限是五比一。如果有客人想品尝更干烈的风味，我会推荐他喝干曼哈顿。

我之所以认为马天尼极干口感的配比上限是七比一，是因为它和曼哈顿基酒不同。金酒拥有犀利的风味，而威士忌的口味则复杂、丰富。我认为要想充分发挥材料的特性，在曼哈顿中，配比上限应维持在五比一。

标准酒谱

黑麦威士忌 3/4
甜味美思 1/4
安高天娜苦精 1 抖振
酒浸樱桃 1 颗
柠檬皮（用于增香）

上田和男酒谱

黑麦威士忌（Alberta Springs 10 Years Old，译作艾伯塔泉水十年陈酿）4/5
甜味美思（Cinzano Rosso，译作仙山露红）1/5
酒浸樱桃 1 颗
柠檬皮（用于增香）

载杯

鸡尾酒杯

向搅拌杯加入黑麦威士忌、甜味美思搅拌，注入鸡尾酒杯。将一颗酒浸樱桃沉入杯底，挤柠檬皮增香。

搅拌时，忌力度不均，要不断轻柔地搅拌，时刻集中精神，在心中努力营造柔润圆满的意象。出品时应使用造型圆润、具有女性特质的鸡尾酒杯。

纽约

饱含气泡的淡粉红，随着时间流逝逐渐染上一层橘色。这是硬摇法的特征体现在酒体色彩变化上的范例。

纽约是一种得其利型鸡尾酒。用摇和法调制含威士忌的鸡尾酒不是一件易事。想要调得好喝，诀窍是用均衡的酸甜口感来巧妙隐藏威士忌的杂味。

调制这款酒时，也有人用黑麦威士忌（加拿大威士忌），但我选用波本威士忌。因为后者更契合酒款名称，和酸味材料又是绝佳拍档，成品将呈现厚重的风味。

波本威士忌中，老祖父牌口味强劲，适合使用硬摇法。硬摇法需要的正是这样口味足够厚重的材料。

有调酒师会加入大量红石榴糖浆，调出鲜红的纽约。但我仅用红石榴糖浆淡淡上色，补加糖浆，调出鲜明的甜味。色彩带来的印象与充分的甘甜口感正是这款酒的亮点。

红石榴糖浆中，有一些品牌的石榴风味突出，但我常用颜色最为赏心悦目的明治屋（Meidi-Ya）红石榴糖浆。

标准酒谱

黑麦威士忌 3/4

青柠汁 1/4

红石榴糖浆 1/2 茶匙

砂糖 1 茶匙

橙皮（用于增香）

上田和男酒谱

波本威士忌（老祖父）3/4

鲜青柠汁 1/4

红石榴糖浆（明治屋）1/2 茶匙

糖浆 1 茶匙

载杯

鸡尾酒杯

将波本威士忌、鲜青柠汁、红石榴糖浆、糖浆加入摇酒壶中摇和，注入鸡尾酒杯。根据个人喜好，可用橙皮增香。

古典

酒如其名，这款酒十分古典，品酒人能根据个人喜好调整口味。现在它依旧是人气经久不衰的鸡尾酒。

由于它需要客人自行调整风味来享用，所以重点在于，调酒师要避免破坏威士忌的风味，让酒液容易入口、易于调节口味。

常见的调法大多只用方糖和苦精，不加苏打水，再加一片柠檬片，加入大块冰块出品。

我调制时，为了让方糖易于溶解，除了苦精还会注入苏打水，让两者浸透方糖。而为了让古典符合现代潮流，加冰时选用碎冰（crushed ice）。

至于决定口味的关键要素——水果，我使用三种，分别切成厚片，以满足品酒人多样化的喜好。为了让整体风味更均衡，我把富含甜味的橙片切得更厚。

此外，为方便挤出果汁，我最后在杯中插入细长的勺子，而不是搅拌棒。

基酒是威士忌。我一般选用适合与柑橘类搭配的波本威士忌，但应让客人根据个人喜好选择品牌，所以我不做硬性规定。据说在法国，人们用白兰地代替威士忌，以相同形式享用。有时也会用干金酒、朗姆酒作为基酒。

标准酒谱

黑麦或波本威士忌 45 毫升
安高天娜苦精 2 抖振
方糖 1 块
橙片 1 片
柠檬片 1 片
酒浸樱桃 1 颗

上田和男酒谱

波本威士忌 45 毫升
方糖（小块）1 块
安高天娜苦精 1 抖振
苏打水 2 抖振
橙片 1 片
柠檬片 1 片
青柠片 1 片

载杯

岩石杯（古典杯）

在岩石杯中加入方糖，依次洒入安高天娜苦精和苏打水，浸透方糖。加入碎冰，至七八分满，注入波本威士忌。将橙子、柠檬、青柠片（共 3 片）叠起，沿内壁放入。插入勺子。

| 基酒为伏特加 |

俄罗斯人

这款酒使用两种蒸馏酒作为基酒，酒精度数较高，但因为香甜的可可风味十分突出，所以也被称为“低调的熟女杀手”。标准酒谱要求摇和调制，但我想改用搅拌法来制作。

它和阿拉斯加、史汀格一样，仅由蒸馏酒和甜味材料组成，所以即便用硬摇法，也无法维持气泡。我想，如果不能发挥摇和法的优势，想要调制出符合预期的辛辣口感，与其用摇和法来完成这款酒，或许不如用搅拌法更有效。如果用搅拌法，即使将甜味成分可可甜酒用量减半，应该也能彰显基酒的个性。

在使用摇和法的标准酒谱中，三种材料用量均等。但用搅拌法时为了达成均衡的口感，要相应改变配比。考虑到酒名“俄罗斯人”的意象和偏干口感更受欢迎的流行趋势，我提高了伏特加的比例，并相应减少了可可甜酒的分量。基酒与甜味材料的比例从二比一提高到五比一，形成强劲饱满的风味。这样一来就不再是“熟女杀手”，而成了一款酒味浓郁、风格硬朗的鸡尾酒。

但毕竟使用了甜味材料，所以我会选用耐看又给人柔和印象的鸡尾酒杯。

顺带一提，在根据标准酒谱调制的俄罗斯人中再加入鲜奶油调成的鸡尾酒，有时也称作“俄罗斯熊”。

标准酒谱

伏特加 1/3

干金酒 1/3

棕可可甜酒 1/3

上田和男酒谱

伏特加（斯米诺）3/6

干金酒（必富达）2/6

棕可可甜酒（迪可派）1/6

载杯

鸡尾酒杯

向搅拌杯中加入伏特加、干金酒、棕可可甜酒搅拌，注入鸡尾酒杯。

咸狗

这是一款诞生于英国的鸡尾酒。据说最初用干金酒调制，但随着它走向世界各地，基酒也变成了伏特加。它清爽而果香四溢，得到了全世界鸡尾酒爱好者的喜爱。

率先使用盐边雪霜杯的，到底是玛格丽特还是咸狗？这个问题还没有明确的答案。但在欧洲，据说许多人不喜欢嘴直接碰到盐的感觉，所以常见到只给一半杯沿镶盐边的半月形雪霜杯（half moon style）。

另外，还有不镶盐边的咸狗。人们将这种变体比作短尾狗，称之为“牛头犬”（Bulldog）或“灰狗”（Greyhound）。

决定这款酒风味的关键是西柚汁。有的调酒师会使用现成果汁，或者用鲜果汁兑现成果汁，也有人将鲜果汁静置一晚再使用。

我用的是鲜榨西柚汁（白色）。它那清澄的风味、新鲜的果香真是无可匹敌。

但鲜果汁也有个棘手之处——由于季节、产地等因素，风味常有波动。如果某个时期西柚甜味过淡、口味欠佳，我就不推荐客人喝这款酒。这时建议客人选择其他酒款，也不失为一种妥善的解决方法吧。

鲜西柚汁的参考用量建议定在基酒的 1 倍到 2 倍之间。鲜果汁的风味是脆弱的，冰一融化，口味就容易寡淡。为了尽量避免这种情况，我使用一大块不易融化的硬质冰块。

标准酒谱

伏特加 30 毫升～ 45 毫升

西柚汁 适量

上田和男酒谱

伏特加（斯米诺）45 毫升

鲜西柚汁 适量

载杯

岩石杯（常温）

在镶盐边的岩石杯中加入一大块冰，注入伏特加、鲜西柚汁，轻轻搅拌。

莫斯科骡

选择鸡尾酒界难得一见的铜马克杯作为载杯，这就是莫斯科骡的特征。它作为伏特加生产商休伯莱恩（Heublein）公司（生产斯米诺牌伏特加）促销用的酒款，诞生于美国，之后闻名于世。

“莫斯科骡”这一酒名源于伏特加原产国的俄罗斯的首都莫斯科，以及像骡子踢腿一样强劲的酒精味和生姜香气。

它原本应该用生姜辣味足、香味扑鼻的姜汁啤酒来调制，但在日本总是很难买到这种材料，所以一般用姜汁汽水代替。姜汁汽水也有多个品牌，风味各异，我选用辣味较强、生姜香味浓郁的威尔金森品牌（Wilkinson）。其用量应和伏特加相同，或为1.5倍左右。如果姜汁汽水过多，就会削弱莫斯科骡的特质——骡子踢腿一样强有力的后劲。

另外，标准酒谱中还需要青柠汁，而我则用新鲜青柠。有调酒师使用半个青柠，我使用1/4个，让青柠能从马克杯上方露出来。每只青柠表皮厚度和果肉状态都不同，如果果汁较少，可以另外再挤入青柠汁作为补充。

我选用双层杯壁的铜马克杯。它的杯沿部分口感舒适，外壁也不容易结霜。但的确，双层杯壁营造不出冰冻三尺的感觉。而用高球杯时，也可以仿照金利克，装饰半个青柠，插进搅拌棒出品。

标准酒谱

伏特加 45 毫升

青柠汁 15 毫升

姜汁啤酒 适量

上田和男酒谱

伏特加（斯米诺）45 毫升

鲜青柠汁 1/4 个

姜汁汽水（威尔金森）适量

载杯

铜马克杯（预先冷冻）

在加入碎冰的铜马克杯中注入伏特加，挤入 1/4 个青柠的果汁，将青柠也放入杯中，注满姜汁汽水。

海风

这款酒诞生于美国，大约十年前引进日本。它充满夏日气息，但饮用时不会令人联想到灼热的阳光，而是仿佛感到柔和的微风从海上吹来。这是我最中意的经典酒款之一。我把它打造成一款口感轻盈的鸡尾酒，能当作软饮一样轻松享用。

这款酒受到大家喜爱的原因之一，是使用了蔓越莓汁这种新材料，甜味适中、口感清爽。也有调酒师用兑和法制作，但在日本，越来越多的调酒师采用近年流行的摇和加冰调法（shake rock style）。

蔓越莓汁这种材料酸味鲜明，清甜不腻，所以便于制作低糖、低酒度的鸡尾酒，研制自创鸡尾酒时一定也能大显身手。

近来，女性也倾向于饮用不甜腻的鸡尾酒，所以甜度、酒度都低的海风尤其受到女性欢迎。酒体的颜色不应太浓，清淡的色泽才更符合微风（breeze）的意象吧。

此外，这款酒可通过增减伏特加的用量调出客人喜好的酒精度数，这一点也相当方便。但调制时还是要最大限度地保证口味均衡。

如果客人滴酒不沾，我就会调制它的变体——纯洁海风（Virgin Sea Breeze）。这是一款无酒精鸡尾酒，鲜西柚汁和蔓越莓汁按二比一的比例混合，摇和，加入大块冰块出品即可。

标准酒谱

伏特加 1/3

蔓越莓汁 1/3

西柚汁 1/3

上田和男酒谱

伏特加（斯米诺）1/3

蔓越莓汁（Del Monte，译作德尔蒙）1/3

鲜西柚汁 1/3

载杯

岩石杯

将伏特加、蔓越莓汁、鲜西柚汁加入摇酒壶中摇和。向岩石杯中加入冰块，注入酒液。

| 基酒为朗姆酒 |

得其利

三比一，这是蒸馏酒和酸味材料不可撼动的最佳配比。得其利彰显酸味，又保证口味均衡。这就是为什么我把它作为得其利型，归为短饮中的一大类。

这款酒的故乡在古巴南部的得其利矿山。酷暑中，人们在艰辛劳动的间隙，将古巴特产朗姆酒混合鲜青柠和砂糖饮用。据说这就是得其利诞生之初的情景。青柠的酸和糖分，想必消除了身体的疲劳。

调制得其利的关键要点，就是严格遵守标准酒谱。可以说这是营造其美妙风味的不二法门。决不能改变三比一这个基酒和酸味材料的黄金比例。

此外，我调制时一定会用鲜青柠汁。也有人用柠檬来代替，但那会大大改变风味，不再是得其利。考虑到它诞生的背景，酸、甜要素都应完好保留。

其主料为白朗姆，几乎每个品牌口味都较强韧，适合使用硬摇法，所以可根据个人喜好选择。我用的是柠檬哈特牌（Lemon Hart）。

为了体现矿山、酸味和清凉感这些要素，我选用三角形的鸡尾酒杯。

标准酒谱

白朗姆 3/4

青柠汁 1/4

砂糖 1 茶匙

上田和男酒谱

白朗姆（柠檬哈特）3/4

鲜青柠汁 1/4

糖浆 1 茶匙

载杯

鸡尾酒杯

将白朗姆、鲜青柠汁、糖浆加入摇酒壶中摇和，注入鸡尾酒杯。

百加得

1933 年，趁着废除禁酒法的大好时机，朗姆酒生产商百加得公司为促销而研制了这款鸡尾酒。酒谱中规定使用百加得公司的白朗姆。

关于它还有一则逸事。当时，纽约一些酒吧使用百加得品牌的白朗姆以外的朗姆酒调制百加得。针对此行为，纽约最高法院做出的判决是“百加得鸡尾酒必须用百加得公司的朗姆酒制作”。

百加得的原型是得其利。它需要在得其利中加入红石榴糖浆，调出粉红色。所以说调制的重点就是这精细的调色。

调制时需要用红石榴糖浆增色、增甜，但如果只用红石榴糖浆来提供所需的甜味，会过分凸显其独特风味，色泽也会过深。所以应该控制红石榴糖浆的用量，仅用来上色，甜味则用糖浆补足。恰当地调节两者的用量是重中之重。

也有人将百加得的粉红色看作得其利矿山的夕阳，称之为“得其利”。但世界上比较主流的看法还是得其利为白色，百加得为粉红色。

得其利由于诞生背景和矿山相关，线条硬朗的酒杯与其意象更贴合。而出品百加得建议使用造型圆润的酒杯，以呼应其柔美的色彩。

标准酒谱

百加得白朗姆 3/4

青柠汁 1/4

红石榴糖浆 1 茶匙

上田和男酒谱

百加得白朗姆 3/4

鲜青柠汁 1/4

红石榴糖浆（明治屋）1 茶匙

糖浆 1 茶匙

载杯

鸡尾酒杯

向摇酒壶加入百加得朗姆酒、鲜青柠汁、红石榴糖浆、糖浆摇和，注入鸡尾酒杯。

冰冻得其利

这款酒诞生于古巴哈瓦那，因为是海明威的最爱而声名大噪。每当说起它，仿佛都能看见海明威在烈日炎炎的海边喝着透心凉的鸡尾酒。

我调制的冰冻得其利质地像冰沙。与此相比，如果按标准酒谱调制，成品更接近液体。海明威喜爱的也正是后者。减少冰的用量就会更像液体，但口味总会显得寡淡。所以，我稍微多加一些冰，调成柔滑的冰沙质地，需要边嚼边喝，而不只是单纯饮用。

但是，如果加入过多冰块，也会因为口味太淡而调制失败。为避免这种情况，可以一开始在搅拌机中只加入少量冰，根据情况补充冰块，直到调出恰到好处的柔滑度。

我用无色橙皮酒来代替黑樱桃利口酒（Maraschino），而且只用君度。比起只加糖浆，加入君度能产生更丰富的口味。为营造清凉的观感，最后我用薄荷叶来装饰。

冰冻得其利可看作冰冻型鸡尾酒（frozen style）[1]的滥觞，在此基础上调酒师们用各种手法进行演绎。有人使用黑樱桃利口酒，也有人加入青柠皮搅打。

1 在日本指将材料和碎冰加入搅拌机搅打成冰沙状的一类鸡尾酒，例如“冰冻玛格丽特”（Frozen Margarita）。英文称作 frozen cocktail 或 alcoholic slushy 等。——译者注

标准酒谱

白朗姆 45 毫升
黑樱桃利口酒 1 茶匙
青柠汁 15 毫升
砂糖 1 茶匙
碎冰 适量

上田和男酒谱

白朗姆（柠檬哈特）45 毫升
君度 1 茶匙
鲜青柠汁 15 毫升
糖浆 1 茶匙
碎冰 1 杯[1]
薄荷叶

载杯

碟形香槟杯或鸡尾酒杯

将白朗姆、君度（无色橙皮酒）、鲜青柠汁、糖浆和碎冰加入酒吧搅拌机中搅打，注入香槟杯。插入勺子和吸管，用薄荷叶装饰。

此外，使用水果果肉的冰冻得其利也颇具人气。能让酒体柔滑又黏稠的水果尤其适合，比如草莓、桃子、香蕉等。加入柠檬等水果的果汁时，无法让酒液变得那么浓稠，这时可加入少许打发的蛋清（meringue，译作蛋白霜）。

1　在日本的鸡尾酒谱中，1 杯为 200 毫升。——译者注

| 基酒为龙舌兰酒 |

玛格丽特

1949年，来自洛杉矶的约翰·杜莱瑟（John Durlesser）为参加调酒比赛而创作了玛格丽特鸡尾酒。该作品得名于调酒师青年时期的恋人。她被猎人的流弹击中而不幸去世。这款酒也因为这个悲伤的爱情故事而声名鹊起，在世界各地广受欢迎。在它出现之前，雪霜杯一般用砂糖制作，而玛格丽特的一大特色就是用盐来镶边。或许调酒师想用盐的苦涩来表达悲伤。

当时的酒谱是，向搅拌机加入45毫升龙舌兰、30毫升青柠汁、30毫升柠檬汁、7毫升无色橙皮酒，搅打调制。从配方就能推测，这款酒酸味极强，呈现得其利型酒款的风味。酒杯中也加入了用搅拌机打得细碎的冰碴，可以想象，它的质地介于液体和冰冻型鸡尾酒之间。

随着这款酒推广到世界各地，它的酒谱演变成更精致、酸味较淡的边车型。调制方法也简化成摇和法。现在，如果有客人喜欢更酸的口味，也可以按照接近原始形态的得其利型来调制。

包括玛格丽特在内，调酒所用的青柠汁，我一定会鲜榨制作。此外，为了让这款酒的独特装饰——雪霜杯——更美观，无需冰杯，用常温酒杯即可。将酒液注入杯中时也不要过满。它的变体冰冻玛格丽特也是人气酒款。冰冻型鸡尾酒出品时通常要插入吸管，但制作这一款时我特意不加吸管，以方便客人品尝雪霜杯。

标准酒谱

龙舌兰酒 2/4

无色橙皮酒 1/4

青柠汁 1/4

上田和男酒谱

龙舌兰酒（索查）4/6

君度 1/6

鲜青柠汁 1/6

载杯

鸡尾酒杯（常温）

将龙舌兰酒、君度（无色橙皮酒）、鲜青柠汁加入摇酒壶中摇和，注入镶有盐边的鸡尾酒杯。

| 基酒为利口酒 |

青草蜢

这是使用鲜奶油的典型鸡尾酒。它需要混合难以与其他材料相融的、有一定浓度的鲜奶油和利口酒，正适合让硬摇技术发挥其效用。通过长时间大力摇和，直到摇酒壶表面充分挂霜，鲜奶油和利口酒的质地会发生变化，产生打发好的奶油一般轻盈绵软的口感。

练习硬摇法时，最适合调制容易确认成品状态的鸡尾酒。由于这款酒用含糖分的利口酒搭配鲜奶油，所以更容易打发。如果酒液已经变成打发好的泡沫状,就说明硬摇法已经基本摇和到位了。但也要注意，过度摇和会导致口味偏淡。

标准酒谱要求等量混合三种材料。我加大了可可甜酒的用量，少加绿薄荷利口酒和鲜奶油，以降低甜度。但我尽量选用乳脂肪含量较高的鲜奶油，来让成品更香浓。

青草蜢的英文原义即“草蜢”，由于酒液的颜色如同体色翠绿的草蜢，所以加上“青”字。为了调色，一般使用白可可甜酒，但棕可可甜酒风味更佳。如果相比外观，更重视口味，我认为也可以一半用白可可甜酒,一半用棕可可甜酒。但要注意,不要全换成棕可可甜酒,否则“青草蜢”就变成“棕草蜢”了。

标准酒谱

白可可甜酒 1/3

绿薄荷甜酒 1/3

鲜奶油 1/3

上田和男酒谱

白可可甜酒（Bols，译作波士）1/2

绿薄荷酒（Get27）1/4

鲜奶油 1/4

载杯

鸡尾酒杯

将白可可甜酒、绿薄荷酒、鲜奶油加入摇酒壶中摇和,注入鸡尾酒杯。

瓦伦西亚

瓦伦西亚得名于橙子著名产区——西班牙瓦伦西亚。虽然它组合了杏子白兰地（apricot brandy）和橙汁这两种甜味材料，却不甜腻，充满橙子馥郁的果香和清甜，尤其受到女性的喜爱，人气颇旺。

这两种材料组合时，可根据品酒人的喜好互换用量，或加入红石榴糖浆补充甜味，所以可以非常方便地调整。在保留瓦伦西亚特色的前提下，橙汁和杏子白兰地的配比最高可以调到一比一。

我选用的杏子白兰地是乐加（Lejay）的杏子利口酒（crème d'abricot），它的色泽、香气都无可挑剔。橙子则因季节和产地不同，口味千差万别，因此要随机应变地调节。比如橙子不够甜时，就加大杏子白兰地的用量；甜度够时就少加白兰地，以此类推。要根据客人的酒量，以及瓦伦西亚材料配比的调整范围，来调节用量。

此外，常在冬季上市的脐橙（该品种表皮光滑，果实顶部像肚脐一样凹陷）果汁较少，所以建议尽量选用和酒款同名的瓦伦西亚橙。

关于苦精。遗憾的是，现在已经买不到带苦味的苦精。如果无法购得优质苦精，不如不加，这样成品才清澄可口。所以现在我不使用苦精。

标准酒谱

杏子白兰地 2/3

橙汁 1/3

橙味苦精 4 抖振

上田和男酒谱

杏子利口酒（乐加）2/3

鲜橙汁 1/3

载杯

鸡尾酒杯

将杏子利口酒(杏子白兰地)、鲜橙汁加入摇酒壶中摇和,注入鸡尾酒杯。

查理·卓别林

这款酒需要摇和后在杯中加入大块冰块出品，即采用摇和加冰调法，是一款历史相对较短的鸡尾酒。

所谓的摇和加冰调法，优点是杯中冰块可以让摇和后的酒液保持低温。但加入冰块后，也可能稀释酒液风味。为防止这种情况，调酒师必须具备扎实的摇和技术。最重要的就是摇和必须充分、精确。

材料中的杏子利口酒是杏子白兰地的一种，尤以乐加牌色泽漂亮、香味怡人，所以我选用这个品牌。黑刺李金酒（sloe gin）是用李属植物黑刺李制成的利口酒，呈深红色；以前属于甜度较低的风味金酒（flavoured gin），现在口味却类似于利口酒，甜度较高。顺带一提，过去它的比重也较小，所以我将它用在了我的悬浮式（float style）鸡尾酒作品京锦[1]中。但现在黑刺李金酒的比重变大了，所以京锦也成了一款无法复制的鸡尾酒。

相比杏子利口酒，我会多加一点点黑刺李金酒。当然这样微妙的差别无法表现在酒谱中。或许是因为摇和加冰调法能让口味显得清爽，所以虽然它以利口酒为基酒，调制后依旧呈现出清新爽口的风味。

1　所用材料除了黑刺李金酒，还有梅酒和白兰地。——译者注

标准酒谱

黑刺李金酒 1/3

杏子白兰地 1/3

柠檬汁 1/3

上田和男酒谱

黑刺李金酒（波士）1/3

杏子利口酒（乐加）1/3

鲜柠檬汁 1/3

载杯

岩石杯

将黑刺李金酒（黑刺李利口酒）、杏子利口酒（杏子白兰地）、鲜柠檬汁加入摇酒壶中摇和。岩石杯中加入冰块，注入酒液。

| 基酒为葡萄酒 |

贝里尼

1948 年，意大利威尼斯著名酒吧哈利酒吧（Harry's Bar）的调酒师朱塞佩·奇普里亚尼（Giuseppe Cipriani）为画家乔凡尼·贝里尼（Giovanni Bellini, 约 1430—1516）的展览创作了这款酒。直到近年，贝里尼才越来越频繁地出现在日本的酒吧。

考虑到它的创作背景，使用意大利起泡葡萄酒（spumante）应该是最常见的做法。我选用风味更细腻的香槟，让鸡尾酒更显高雅。如此调制的贝里尼，用香槟的气泡裹挟淡淡的桃香，在口中扩散，是 TENDER 酒吧最受欢迎的酒款之一。

贝里尼调味的关键材料就是含果泥的桃子汁（peach nectar）。我调制时会自己动手制作，即向白桃[1]罐头加入桃子利口酒、红石榴糖浆等，倒进搅拌机搅打。做好的桃子汁已含有红石榴糖浆，所以调酒时不再另加，也没有写进酒谱。为了不盖过白桃的风味，红石榴糖浆决不能加太多。我常一次制作大量桃子汁，储存起来，可以用在其他自创鸡尾酒中。

为了保留香槟酒液中冒出的细密气泡，首先要向杯中注入香槟，再徐徐注入桃子汁，缓缓搅拌。

当然，香槟、桃子汁都要预先冷藏。

如果能掌握上述要点，赶超哈利酒吧也不再是梦想。

---

1 指日本一个著名的水蜜桃品种，原产于冈山县。果肉呈白色，靠近果核部分呈深粉色，甜度高。——译者注

标准酒谱

起泡葡萄酒 2/3

桃子汁（含果泥）1/3

红石榴糖浆 1 抖振

上田和男酒谱

天然干香槟（Brut Champagne）3/4

桃子汁（含自制果泥）1/4

载杯

笛形香槟杯

香槟杯中注入香槟后，徐徐注入桃子汁，搅拌数次后出品。

竹子

风味犀利清爽的竹子最适合作为开胃酒饮用。为营造更清澄的味道，我没有加入橙味苦精，而是用柠檬皮增添一抹清香。将阿多尼斯的甜味美思换成干味美思，就成了竹子。正如酒名所示，这是一款以日本为灵感创作的酒，作者是横滨新格兰酒店（Hotel New Grand）开业之初的首席调酒师路易斯·埃平格（Louis Eppinger）。

这款酒源自日本，因到访横滨的外国游客而诞生，也因为他们的推广而走向全世界。

成功调制的关键在于搅拌技术。要充分混合材料，并彻底降温。正因为材料组合简单，才更能体现搅拌的效果。

搅拌后，竹子的酒液冰凉、透明，建议用纤瘦而线条流畅的酒杯。为偏好干烈口味的客人减少干味美思用量时，配比最多可调到五比一。

我有一款自创鸡尾酒是阿多尼斯和竹子的变体，使用了桃红味美思（rosé vermouth），名叫“小序曲”（Petit Prelude）。调法是，将三份雪利酒、一份桃红味美思混合搅拌。桃红味美思具有淡淡的药草香和优雅的葡萄酒香，所以用它调酒时，为充分体现这柔美的香气，我一般不用柠檬皮增香，直接出品。

标准酒谱

干雪利酒 2/3

干味美思 1/3

橙味苦精 1 抖振

上田和男酒谱

干雪利酒（Tío Pepe，译作缇欧佩佩）3/4

干味美思（诺里普拉）1/4

柠檬皮（用于增香）

载杯

鸡尾酒杯

将干雪利酒、干味美思加入搅拌杯中搅拌，注入鸡尾酒杯，用柠檬皮增香。

皇家基尔

将基尔鸡尾酒（Kir）中的干白葡萄酒换成香槟，就成了华丽的皇家基尔。它是一款使用香槟的典型鸡尾酒，也是颇受人们喜爱的开胃酒。

和基尔一样，基酒要选用偏干的香槟。为了调出更符合日本人喜好的口味，我减少了标准酒谱中黑加仑利口酒（crème de cassis）的用量，从而突出香槟的口味和香气。这也是因为，我认为这样甜度的鸡尾酒能恰到好处地唤起食欲，适合作为开胃酒饮用。另外，由于调制时不加冰，一定要提前把香槟和酒杯的温度降到足够低。

近来，可以在市面上以较低廉的价格买到来自世界各地的起泡葡萄酒。虽然这样的起泡葡萄酒也不是不能用，但调皇家基尔时，我还是想用以香槟法（methode champenoise）酿造[1]的香槟。正如酒名里的“皇家”二字，它能给鸡尾酒增添更为华丽的口味和香气。

香槟最好能当天用完，但如果用专用酒塞，可以保鲜两天。我选用的黑加仑利口酒是乐加牌。大多数黑加仑利口酒口味和颜色都容易改变，而乐加牌色泽漂亮，保质期也更长。

这款酒用兑和法制作。注入黑加仑利口酒之后，要徐徐注入香槟，尽量不破坏气泡，这样酒液更容易混合均匀。由于金属会破坏这款酒的风味，我尽量不使用金属吧勺。

---

1 即在酒瓶内二次发酵以产生气泡。——译者注

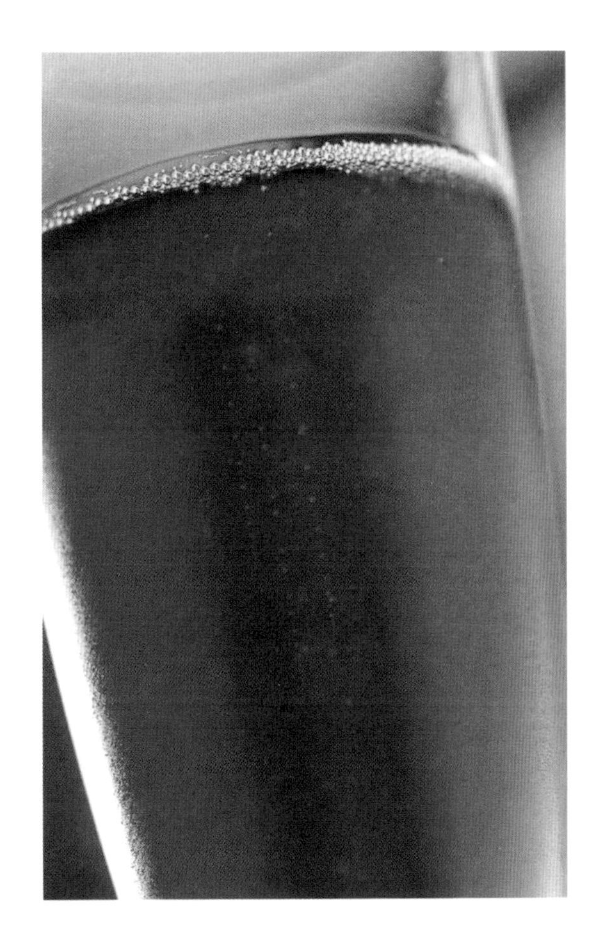

标准酒谱

香槟 4/5

黑加仑利口酒 1/5

上田和男酒谱

天然干香槟 9/10

黑加仑利口酒（乐加）1/10

载杯

笛形香槟杯

向香槟杯中注入黑加仑利口酒后，将香槟分数次徐徐注入。插入吧勺后再取出，促进酒液的自然融合。

除了皇家基尔，含香槟的鸡尾酒还有很多，例如加入橙汁的含羞草、含黑啤酒的黑丝绒（Black Velvet）、含桃子汁的贝里尼、含黑森伯加酒（black sambuca）的黑雨（Black Rain）、含覆盆子利口酒（crème de framboise）的帝国基尔（Kir Imperial）等。它们大多可作为开胃酒饮用。

摇和型酒款的分类

了解以下基本分类，对创制鸡尾酒非常有帮助。

	边车型 四比一比一	得其利型 三比一
特征	这一类鸡尾酒在标准酒谱中，基酒和甜味、酸味材料的配比是二比一比一。其特点是，酒精和酸甜口感形成三位一体的均衡组合。我将配比提高至四比一比一，营造更干的口味。	基酒和酸味材料的配比是三比一。所含甜味较少，因此呈现出鲜明的酸味。使用糖浆作为甜味材料。
代表酒款	白色佳人	吉姆雷特
	边车	杰克玫瑰
	玛格丽特	纽约
	巴拉莱卡	得其利
	XYZ	百加得
	奥林匹克（Olympic）	大锤（Sledge Hammer）
	香榭丽舍（Champs Elysees）	
	天堂（Paradise）	
	火烈鸟（Flamingo）	
	蓝月亮（Blue Moon）	
	神风	
	反舌鸟（Mockingbird）	

自创鸡尾酒

用奇妙的调色
为鸡尾酒增添魅力

环绕杯身的，是散发出荧光的蓝色珊瑚礁。“城市珊瑚”是以珊瑚礁为灵感，用珊瑚杯装饰的一款鸡尾酒。鲜艳的蓝绿色令人眼前一亮，强调了大海清新怡人的意象。

像这样，鸡尾酒的调色能有效增强酒款的魅力。接下来我将阐述有关调色的心得体会。

如前面的章节所述,鸡尾酒是用多种材料调成的饮料。而在基酒中,尤其是利口酒，有许多种都色泽艳丽，用它们调成的鸡尾酒自然也会呈现相应色彩。而调色是表现酒款意象的重要手段。

同时，通过混合多种材料，有时也会得到意想不到的色彩。

比如蓝色橙皮酒（波士）和威士忌。我的自创酒款国王谷就体现了混合这两种材料的妙趣。当时我试用多种材料搭配蓝色橙皮酒，发现加入威士忌会出现这种绿色。这是世上第一款不用绿色材料调出绿色酒液的鸡尾酒。

此外，还有几种令人印象深刻的色彩。比如，在丽波（Kaloz Kuma/Καλοζ Κυμα）等酒款中，混合哈密瓜利口酒（绿色）和杏子白兰地（橙色）能调出黄色，混合蓝色橙皮酒（蓝色）和西柚汁能调出淡淡的粉蓝色，等等。其实最难调的是红色。由于无论如何混合材料都无法调出红色，它至今仍是无法逾越的难关。

有时调色时也会加入少量利口酒，来强调某一种色彩。如果混合多种材料后，材料原本的色彩变淡、不鲜明，或者想进一步加深某种色彩时，都可以用这个方法。想加深绿色时加入蓝色材料，想加深蓝色时加入红色材料，就能得到立竿见影的效果。

创作一款新的鸡尾酒时，色彩和装饰都是不容忽视的要素。但这并不代表调酒师应该一味标新立异。我们的宗旨还是调制出客人喜爱、能世代流传的味道。

正因为如此，着手创作鸡尾酒前，首先必须一丝不苟地学会如何用标准调法制作历史悠久的经典酒款。

混合蓝色的蓝色橙皮酒（照片左侧）和黄色的威士忌（中间），就能调出呈中间色（绿色）的国王谷（右侧）。

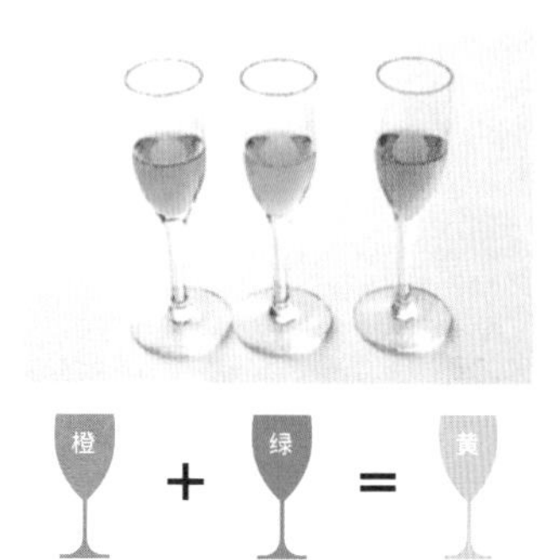

混合橙色的杏子白兰地（照片左侧）和绿色的哈密瓜利口酒（中间），就能调出呈中间色（黄色）的丽波（右侧）。

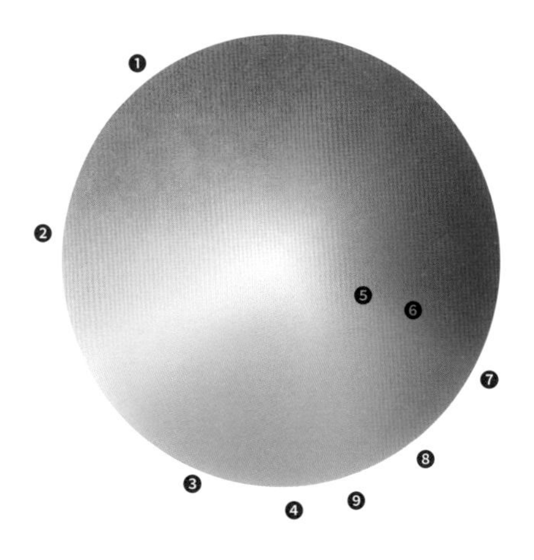

❶孤身一人 ❹国王谷 ❼海蓝宝石[1]
❷丽波 ❺ M-30 雨 ❽蓝色之旅
❸香港随想 ❻梦幻莱芒湖 ❾渔夫与子

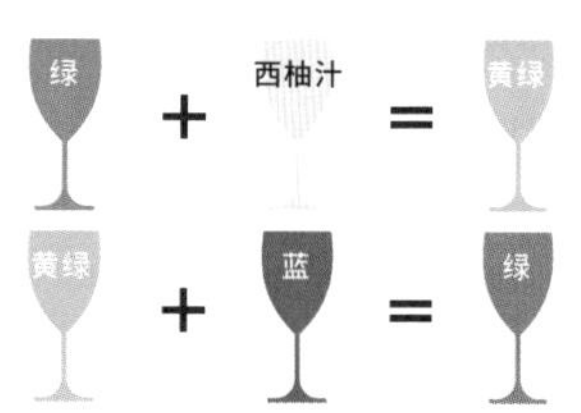

向绿色的哈密瓜利口酒加入少量蓝色橙皮酒，有加深绿色的效果。在城市珊瑚中，我用绿色哈密瓜利口酒（照片最左）搭配西柚汁（左数第二杯），绿色变淡，呈现出黄绿色（中间）。在此基础上加入蓝色橙皮酒（右数第二杯），就能让黄绿色的酒液恢复成鲜艳的翠绿色（最右）。

---

1 海蓝宝石（Aquamarine）是 1983 年作者为客人创作的鸡尾酒，材料包括龙舌兰酒、西柚利口酒（pampelmuse）、青柠汁和蓝色橙皮酒。——译者注

| 参赛作品 |

纯爱

| 首个参赛作品

1979 年，刚加入日本调酒师协会（Nippon BarTENDER's Association，简称 NBA）的我来到在皇宫酒店[1]举办的全国大赛会场，有生以来第一次现场观摩调酒比赛。会场里充斥着一触即发的紧张氛围。我目睹调酒师们在台上展示技艺，深受震撼。那一刻的感动，促使不再年轻的我决心参加调酒比赛。我想让 15 年来积累的经验和工作成果接受世人的检验。

正巧，1979 年也是三得利的热带鸡尾酒（tropical cocktail）元年，该企业决定从此集中力量进军鸡尾酒领域。我当时也预感到，四五年后将会掀起一波鸡尾酒热潮。想到第二年又是我的本命年，参加比赛、挑战自己的愿望越发强烈。

尽管如此，我第二年即将满 36 岁，才首次参赛，这样的登台亮相的确姗姗来迟。在鸡尾酒创作组中，几乎所有选手都是 20 多岁。和他们相比，我这唯一的“大龄选手”很是难堪。同时，一种巨大的压力也向我袭来——年长如我，决不能输给这些年轻人。但是现在回想起来，在加入协会后的第二年能参加全国大会，实属幸运。

1　位于东京皇居大手门附近的高级酒店。1961 年 10 月开业，2012 年 5 月起更名为东京皇宫酒店（Palace Hotel Tokyo）。——译者注

干金酒（哥顿）30 毫升
覆盆子利口酒（Gabriel Boudier，译作加布里埃尔·布迪耶）15 毫升
鲜青柠汁 15 毫升
姜汁汽水（Canada Dry，译作加拿大）适量

载杯

高球杯

将干金酒、覆盆子利口酒、鲜青柠汁加入摇酒壶中摇和，注入高球杯。加入 2 块～3 块手凿块冰，注满姜汁汽水。将青柠片插在杯沿作为装饰。

* 在日本调酒师协会主办的1980 年度全国鸡尾酒大赛创作组（长饮鸡尾酒）中获优胜奖。系首次参赛、首次获奖。

严格说来，纯爱是我在调酒比赛中拿出的第二个作品。1980 年 4 月，我决定参加全国大会后，参加了“第一届三得利热带鸡尾酒大赛”，发表了一款名为“小爸爸”（Papito）的原创作品。这是因为我想在参加全国大会前，体验一下在观众面前展示技艺的感觉和大赛氛围。创作纯爱的起点是金菲士。因为鸡尾酒引进日本之初，大多数酒款都使用了金酒，其中典型的酒款就是金菲士。

而向短饮加入苏打水等材料来增量是制作长饮鸡尾酒的基本手法。遵循这一基本前提，我首先决定用金酒作为基酒。接着要选择酸味和甜味材料。我没有使用柠檬汁，而用了当时鲜少使用的鲜青柠汁；也没有用糖浆，选用了当年进口量较少、尚未普及的覆盆子利口酒。因为在调酒比赛中，作品的新鲜感也是一大评判标准。那该用哪种汽水来兑这样的基酒呢?

我起初试用苏打水，发现无法充分发挥基酒短饮的美味。也试过汤力水，想用甜味来丰富口味，却显得不够凉爽。接着换用姜汁汽水，想看看效果怎样，竟恰好合适。就这样，我的参赛作品完成了。

我当时在资生堂（资生堂 Parlour，L'OSIER 酒吧）[1] 工作，所以给它命名时，从店内的促销主题“我的纯洁女郎”中借用了“纯洁”一词。加之这款酒口味酸甜，就用“爱”来结尾。Pure Love →纯爱→初恋→怦然心动（ときめき）。这样联想，就得到了日文名“怦然心

1　资生堂 Parlour 是资生堂旗下的餐饮店铺，总店在银座资生堂大楼内，于 1902 年开业，现在店内设有西餐厅、酒吧、咖啡厅等。其中 L'OSIER 酒吧于 1973 年开业，得名于银座的象征——柳树（osier 在法语中指“柳树”）。——译者注

动的爱情”（ときめきの恋）。

我带着这款刚完成的纯爱，奔赴比赛主办城市广岛。我甚至不知道赛前训练的方法，就凭一腔斗志来到赛场。但直到最后一刻我还在为一个难题犹豫不决，那就是向酒杯加入冰块的时机。

在调酒比赛中，需要一次调制五人份的鸡尾酒。往届选手告诉我，如果先向酒杯中加入冰块，万一每杯酒液的分量出现细微差异，也不会太明显，所以一般会先加入冰块。

但分量在调酒过程中是重点，我认为应该充分展现自己精确计量的能力。而且考虑到会场内温度较高，如果先加入冰块会迅速融化，成品的口味也会因为融水而变淡。所以我认为冰块应该最后加入，为此举棋不定。到了比赛前一天夜里，我还独自在酒店的房间不停思考加入冰块的先后顺序，迟迟没有定论，一宿都没合眼。

比赛当天下着雨。我是第二个出场。如果在比赛中出场过早，常得不到较高的分数。但这样一来我就不用在出场前看太多其他人的表演，所以从结果来说早点出场也好。

比赛时我还是按照自己的想法，首先向吧台上一字排开的五个高球杯注入摇和后的鸡尾酒。如果五杯的水线有高有低就前功尽弃了，但那一刻我只能相信自己的实力。第五杯的分量也刚刚好——我成功了。虽说在那样的场合我根本没有余力考虑胜负，但我还是为自己发挥了正常水平而满足。

最后我获得了优胜奖。我想评审们之所以对我的表现高度评价，一是因为我选择了新颖的材料，二是因为在所有出场选手中，我能按照自己的想法，最后加入冰块。紧张的心情刚烟消云散，一阵疼痛就让我的胃缩成一团。从那以后，胃药成了我参赛时的必备品。

首次在大赛中获得优胜后，我有幸被任命为日本调酒师协会理事，从此受到协会的多方提携。对我来说，这次参赛是职业生涯的顺利起点。或许正因为我为研制这款酒付出了大量心血，所以时至今日，这款如同初恋的纯爱依旧是最令我难忘的自创鸡尾酒。

梦幻莱芒湖

这是我首次参加世界大赛时发表的作品，比赛的主办地是瑞士日内瓦。主办国寄来的调酒材料清单中，有当时很少出现在比赛材料里的日本酒，所以我毫不犹豫地选择它作为基酒。但是日本酒的风味其实缺乏冲击力。我为搭配什么材料而搜肠刮肚，还去求教现今已故的调酒师、当时在皇宫酒店任职的今井清先生。因为日内瓦毗邻莱芒湖［lac Léman，国内多称日内瓦湖（Lake Geneva）］，我决定用鸡尾酒表现湖水的意象。创作时，我首先调制酒液的色彩。

我从无色透明的酒中，选择君度作为调味的核心。接着决定加入瑞士特产——迪特灵公司（Dettling）生产的樱桃白兰地（kirschwasser）。这是日本、瑞士名酒的跨国组合。在世界大赛中，选手使用举办地出产的酒来向主办国致敬也是一种惯例。酸味则用鲜柠檬汁来体现。为了让口味更饱满，我没有用苏打水，而用汤力水来兑。我想尽可能使用无色的材料。最后为体现出湖水深邃、透明的特点，我将蓝色橙皮酒徐徐注入酒液底部，形成渐变效果。

虽然使用了日本酒，但我没有大张旗鼓地突出它，而是用君度和柠檬汁来为整体口味定调，用日本酒将两者包容于酒液中。

抵达日内瓦后，我从洛桑（Lausanne）的半山腰俯瞰莱芒湖，眼前和酒杯中“湖水”的色彩竟不差毫厘。我至今仍清楚地记得那一刻的感动。

日本酒 5/10
君度 3/10
樱桃利口酒（kirsche liqueur，波士）1/10
鲜柠檬汁 1/10
汤力水 适量
蓝色橙皮酒（波士）1 茶匙

载杯

柯林杯

向摇酒壶中加入日本酒（本酿造酒[1]）、君度（无色橙皮酒）、樱桃利口酒（樱桃白兰地）、鲜柠檬汁，摇和，注入加好冰块的柯林杯。注满汤力水后，徐徐向底层注入蓝色橙皮酒，形成色彩渐变。插入搅拌棒出品。

*1981 年，凭此作品代表日本参加国际调酒师协会主办的世界鸡尾酒节，获银奖。

比赛当天，会场提供的却是紫色的蓝色橙皮酒。我从日本带来了日本酒，没想到另一种材料蓝色橙皮酒出了状况。我向主办方表示抗议，但对方完全不让步。无计可施的我只好用这种酒来调制，自然无法再现莱芒湖的蓝色，这款酒也成了名副其实的“梦幻莱芒湖”。

1 是日本酒中“特定名称酒”的一类，符合一定原料、制作工艺要求。原料中的大米需要去掉三成以上表皮，并且在陈酿前添加食用酒精。——译者注

东京

设计这款酒的风味时，我以第二年在德国召开的世界大赛为目标，主题是“开胃酒”。

当时在日本，大家普遍认为开胃酒＝辛辣风味。但是从世界大赛过去的资料来看，中等甜度的开胃酒常常胜出，使用利口酒的酒款更是占了绝大多数。即使把范围扩大到所有酒款来比较口味偏好，也会发现日本和欧美对甜、辛辣的喜好差异明显。在欧美许多酒款甜度更高，而且当地人也更喜爱偏甜的酒。

于是我想，只能以利口酒为基酒，并调成中等甜度。由于味美思被视为一种开胃酒，所以我选用其较新的品种——桃红味美思。再配以德国酒——西柚利口酒，向主办国致敬。由于宗旨是打造一款以利口酒为主料的鸡尾酒，所以我又选了一种能烘托以上基酒的酒，也就是伏特加，调制成一款略偏甜、风味柔和的开胃酒。

我给它取了个符合日本选手身份的名字——东京。当时我眼里只有那个世界级的舞台。在日本当年实际上作为世界大赛预赛举办的全国大赛中，我也有绝对的自信胜出。但骄傲是种可怕的心态。我不知道一个巨大的陷阱正等着我。

在赛前的练习中，我使用了常温的伏特加。但比赛当天，我一时疏忽，用了事先冷藏的伏特加。由于伏特加温度低、冰块没有融化，这部分

伏特加（斯米诺）3/6
桃红味美思（马天尼）2/6
西柚利口酒（Specht，译作施佩希特）1/6
鲜青柠汁 1 茶匙
酒浸樱桃 1 颗

载杯

鸡尾酒杯

将伏特加、桃红味美思、西柚利口酒加入摇酒壶中摇和，注入鸡尾酒杯。用酒签插起酒浸樱桃，沉入杯底。

*1983 年，凭此作品参加日本调酒师协会主办的全国鸡尾酒大赛（技术组），获优胜奖。

少掉的水量就导致鸡尾酒的分量不足。

我自然和优胜奖失之交臂。我居然连这个细节都没考虑周全，绝对是因为骄傲自大。面对作品，我深感惭愧。现在这款东京还是我最爱的酒款之一，有时也作为长饮鸡尾酒，兑上苏打水给客人品尝。

城市珊瑚

这件作品的特色就在于杯身上采用的珊瑚杯、镶边。在国外，已经出现了着色雪霜杯，也就是不用果汁而用颜色鲜艳的利口酒来装点杯沿。把镶边加宽，就是珊瑚杯。这种装饰手法也正因为这杯城市珊瑚而为世人所知。

当初构思这个作品时，核心主题就是充分运用珊瑚杯这一装饰手法。珊瑚杯可根据所用利口酒的种类，呈现缤纷的色彩。其中，蓝色橙皮酒（蓝色）和红石榴糖浆（红色）即使蘸上盐，鲜艳的颜色也不会变淡，所以我把选择范围缩小到这两种。我用多种酒款试验后选择了蓝色，因为它最能映衬出杯中酒液的美丽色泽。

接着我想调出一种几乎所有人都能接受的口味，所以决定使用当时刚从美国反向引进日本的三得利蜜多丽（哈密瓜利口酒）[1]。

然后我果断决定加入金酒和鲜西柚汁。我选择西柚，是考虑到就像在咸狗中那样，西柚和盐是一对和谐的组合。最后兑上汤力水，让风味更饱满，这款酒就完成了。

但我对颜色还不满意。口味很好，但黄绿色的酒液显得不够鲜明。为了让绿色更浓艳，我使用一茶匙波士牌蓝色橙皮酒来加重色彩。

---

1 蜜多丽于 1978 年率先在美国发售，1984 年才在日本销售。——译者注

干金酒（必富达）20 毫升
哈密瓜利口酒（蜜多丽）20 毫升
鲜西柚汁 20 毫升
蓝色橙皮酒（波士）1 茶匙
汤力水 适量

载杯

珊瑚专用杯（常温）

在珊瑚专用杯的杯身上，用蓝色橙皮酒和盐制作珊瑚杯镶边。将干金酒、哈密瓜利口酒、鲜西柚汁、蓝色橙皮酒加入摇酒壶中摇和，注入镶边后的酒杯。加入手凿冰块，注满汤力水。

*1984 年，在日本调酒师协会主办的全国鸡尾酒大赛（也是国际调酒师协会的国际鸡尾酒大赛预赛）中获优胜奖，代表日本出战世界大赛。

就这样，珊瑚杯 + 鲜艳的绿 + 符合日本人喜好的口味，再加上倾注在作品中的心血，这些要素使得城市珊瑚在全国大赛中以创纪录的高分胜出。

在世界大赛中，可能由于评委们对盐直接和嘴接触的雪霜杯评价不高，没能获奖，但会场内许多调酒师都围绕珊瑚杯，争先恐后地向我发问。

国王谷

毫无疑问，这款酒最大的卖点就是颜色。世上第一款不用绿色材料却呈现鲜艳绿色的鸡尾酒，正是国王谷。这也是为什么人们称呼我为“色彩的魔术师”（参见第130页《混色》）。

发明这款酒的两年前，也就是1984年，我正在创作迷雾（Misty）鸡尾酒。为了将蓝色橙皮酒的蓝色加深为墨蓝（ink blue），我试用多种利口酒，偶然发现了国王谷的绿色。多亏那一届威士忌调酒大赛，这种威士忌和蓝色橙皮酒的组合才有机会为世人所知，否则说不定就被我尘封在记忆深处了。

这款酒的最大要素是颜色，所以我没有兑成长饮，而是做成一款紧凑的短饮。我查阅手边的资料，没有找到以威士忌为基酒，搭配君度和柠檬汁的边车型酒款，因此当即决定采用这种材料组合。我运用自己调制短饮的基本模式（边车型）的比例——四比一比一，并顺应时代潮流，将柠檬汁换成鲜青柠汁。而这也是调味的关键——酒液颜色给人以甜美的印象，实际上却因为青柠而形成了清爽风味。

命名时，为了赞美苏格兰威士忌，开头用了“国王”一词。再根据苏格兰威士忌的生产环境——深邃的山谷与溪流，加上“谷”字，绿色的“山谷之王”就诞生了。为了让色彩与酒名相称，我没有过度强调蓝色，也没有采用低纯度的粉彩色调（pastel colours），而是调出了雾霭笼罩般灰蒙蒙的苏格兰绿（Scottish green）。

苏格兰威士忌（创作时使用格兰牌）4/6
君度 1/6
鲜青柠汁 1/6
蓝色橙皮酒（波士）1 茶匙

载杯
鸡尾酒杯

将苏格兰威士忌、君度（无色橙皮酒）、鲜青柠汁和蓝色橙皮酒加入摇酒壶中摇和，注入鸡尾酒杯。

*1986 年，凭该作品参加第一届苏格兰威士忌鸡尾酒大赛（由苏格兰威士忌宣传中心主办，另有三个团体协办），获优胜奖。该大赛只规定使用苏格兰威士忌，除此以外没有其他要求。

当时我选用了格兰（Grant's）牌苏格兰威士忌，现在则从怀特马凯和欧伯中二选一。苏格兰威士忌摇和后，会产生类似于涩味的独特味道。而怀特马凯是一款口味非常细腻的威士忌，其特点就是即使摇和也不会发涩。

最近，一位客人指定用欧伯来调国王谷，结果发现成品依旧保留了威士忌的风味，而且也不会产生涩味。

嫉妒

1996年11月下旬，在日本海运会馆召开了由C.C.S.主办的第一届Artist of Artists新品发布会[1]。在这场赛事中，事先选拔出的10位调酒师将展现才艺，由250余位C.C.S.会员及观众品尝，决出大奖获得者。

第一届的主题是“女性专属鸡尾酒”。说到适合女性的鸡尾酒，常常是偏甜口味，颜色也多是红色系、粉色系的粉彩色调。一般来说，酒名也和女人味、温柔、美丽这些意思有关。

我却特地为作品取了略显阴暗的名字——嫉妒，颜色也定成黄色。选用的黄色利口酒则是容易搭配其他材料的黄李利口酒（mirabelle）。

用作基酒的蒸馏酒是伏特加。接着很快决定甜味材料用波士顶级（Bols Premier）香橙利口酒，酸味材料用口味柔和清爽、深受女性喜爱的鲜西柚汁。

棘手的是那之后的创作过程。一开始我试用短饮的黄金比例四比一比一，结果口味比预想的要寡淡得多。我微调用量，反复尝试，最终决定减少伏特加，增加香橙利口酒和西柚汁的用量，形成二比一比一的配比。

---

1 C.C.S.（Cocktail Communication Society）是日本的一个非营利组织。在Artist of Artists比赛中，在日本全国调酒比赛中成绩优异的调酒师将用各自新创作的鸡尾酒同台竞技。——译者注

伏特加（斯米诺）2/4
顶级香橙利口酒（波士）1/4
鲜西柚汁 1/4
黄李利口酒（Oldesloer，译作奥德斯洛）1 茶匙

载杯

鸡尾酒杯

将伏特加、顶级香橙利口酒（橙色橙皮酒）、鲜西柚汁、黄李利口酒加入摇酒壶中摇和，注入鸡尾酒杯。

*1996 年，该作品在 C.C.S. 第一届 Artist of Artists 新品发布会中获大奖。比赛主题为“女性专属鸡尾酒”。

黄色适合搭配黑色。装饰成品时，当然也要用上黑色元素。所以我用黑橄榄装点杯沿。比赛当天，为了让橄榄的装饰效果更突出，我准备了形状流畅细瘦的三角形鸡尾酒杯，带到会场。

口味清甜不腻，黄黑配色带来凌厉的现代气息，命名又富有巧思——每一条都正中评审下怀。女性评审称赞说：“女人并不只有甜美的一面。作品充分体现了现代女性的特质。”

孤身一人

这届大赛的主题是“男性专属鸡尾酒”。我的参赛战术是，调成男性喜爱的偏干口感，再加入一丝柔和的风味。和上一年一样，酒名有些阴暗——孤身一人，取自同名爵士乐经典曲目。我本人很喜欢这首曲子，这款酒的意象也是“被抛弃的失落男子”。

我毫不犹豫地选择波本威士忌作为基酒。孤零零的寂寞男人适合来一杯波本威士忌。而关键在于要把口味调到多干烈。

我还像以前一样，一开始采用四比一比一的配比。甜味材料用波士顿级香橙利口酒，酸味用鲜西柚汁。因为我考虑到，如果用太强的酸味搭配波本威士忌，口味会过分尖锐、失去平衡。但如果用西柚，口味有些寡淡，所以我换成鲜青柠汁，调出鲜明的口感。

因为想让酒款更有个性，我的调色目标是棕黑色（sepia），为此加入了一茶匙马天尼苦精（Martini Bitter）。出品不加任何装饰，让酒和男人一样，简洁干练。

遗憾的是，这款酒没能将大奖收入囊中。可能是因为青柠汁的酸味强烈，凸显了波本威士忌的个性，导致成品口味的接受度变低了吧。而且，在调酒比赛华丽热闹的氛围中，酒名“孤身一人”也有些落寞。如果将配比调整为波本 2/4，顶级香橙利口酒 1/4、马天尼苦精 1/4、鲜青柠汁 1 茶匙，会更易入口。

波本威士忌（Wild Turkey 8 years old，译作威凤凰八年陈酿）4/6
顶级香橙利口酒（波士）1/6
鲜青柠汁 1/6
马天尼苦精（马天尼）1 茶匙

载杯

鸡尾酒杯

将波本威士忌、顶级香橙利口酒（橙色橙皮酒）、鲜青柠汁、马天尼苦精加入摇酒壶中摇和，注入鸡尾酒杯。

*1997 年 C.C.S. 第二届 Artist of Artists 新品发布会参赛作品，主题为“男性专属鸡尾酒”。

| 日本的四季 |

春晓

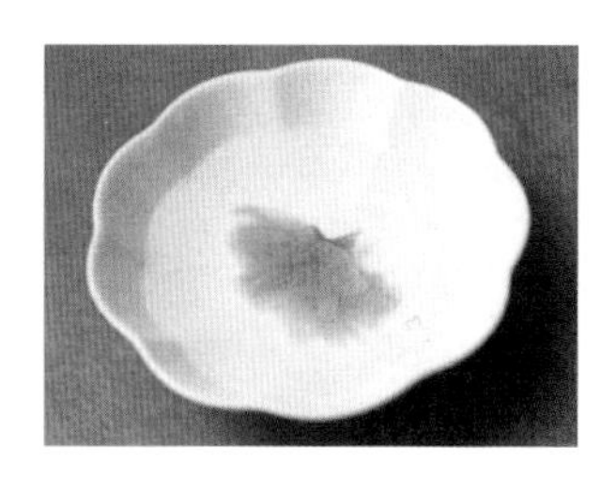

樱花用温水泡开后，应浸泡在冷水中提前冷却。

在 L'OSIER 酒吧，从 1982 年秋开始，一年四季分别举办一次鸡尾酒促销会。直到 1980 年左右，店内销售的主要都是瓶装酒。三得利主办热带鸡尾酒大赛后，人们开始日益关注鸡尾酒。为了让这股热潮更红火，L'OSIER 酒吧决定举办这样的促销会。

店内促销会和调酒比赛不同，类似于作品发布会，可以加入更多自己的想法。有这样自我表达的机会，我感到快乐、满足。当然，还是要调出符合店内客人需求的酒款。

比如，每次要推出三款调酒师作品，我们会按照酒精度数高、中、低分别准备一款鸡尾酒，方便客人选择。这款春晓是作为后劲较强的短饮创作的，所用材料酒精度数较高。

这件作品是我的日本四季主题鸡尾酒的代表作。可以说，春晓让我形成了明确的创作风格。

创作和风鸡尾酒时，我常这样构思：春天色泽柔美，夏天用鲜艳的原色，秋天用带灰调的色彩，冬天为暖色调。并且会使用日本酒、烧酒、梅酒、绿茶利口酒等有日本特色的材料。当时我已经决定，在作品中使用日本酒。

日本酒（本酿造酒）1/3
伏特加（斯米诺）2/3
绿茶利口酒（Hermes，译作赫尔墨斯）1茶匙
盐渍樱花

载杯

鸡尾酒杯

将日本酒、伏特加、绿茶利口酒加入搅拌杯中搅拌，注入鸡尾酒杯。用樱花装饰。

*1983年，为L'OSIER酒吧春季鸡尾酒促销会创作的作品。

我首先着手命名。为了表现宣传语“春眠不觉晓”的意境，我想用樱花来装饰，所以将用盐腌制的樱花在温水中洗去盐分。能烘托出樱花之美的颜色，非绿色莫属。但薄荷或蜜多丽利口酒的绿色太过明艳。“不觉晓”的朦胧春日，正是绿茶利口酒的颜色。我还用伏特加作为基酒，来有力地突出日本酒。

虽然伏特加的用量更多，但在我眼里，这仍然是一款以日本酒为基酒的鸡尾酒。

隅田川暮色

中野忠男先生为东宝剧目《隅田川暮色》设计舞台服装后，在银座小松商店（Komatsu Store）举办了个展。展览的庆祝会在资生堂 Parlour 举办,有一百多位客人受邀参加。在庆祝会上我为中野先生创作的作品,就是这款隅田川暮色。

端详庆祝会的请帖时，我发现请帖中所用的照片是一件戏服，戏服图案描绘着樱花飘落在蓝色隅田川上的情景，它在剧中由主演十朱幸代穿着。根据这件戏服，我很快构思出了鸡尾酒的主题。

我在用日本酒和伏特加作为基酒的春晓基础上进行调整，想让樱花漂浮在略带紫色的浅蓝色酒液中。而如何选用合适的酒品来调出微妙的色彩，就成了创作这款酒的关键。

我用蓝色橙皮酒体现蓝色，掺入桃红味美思的粉红色形成蓝紫色。但为了烘托樱花，色泽应偏淡，这也是一个要点。

为此必须准确计量蓝色橙皮酒的用量。只要稍有偏差，就无法调出这微妙的色彩，所以要仔细控制用量。

由于使用了桃红味美思，所以和春晓相比，隅田川暮色口味更柔和甜美，如同一道口味清淡但用高汤充分提鲜的佳肴。

就这样，隅田川暮色这款作品成功再现了同名戏剧中的场景。

日本酒 1/3
伏特加（斯米诺）1/3
桃红味美思（马天尼）1/3
蓝色橙皮酒（波士）1/2 茶匙
盐渍樱花

载杯
鸡尾酒杯

将日本酒、伏特加、桃红味美思、蓝色橙皮酒加入搅拌杯中搅拌，注入鸡尾酒杯。用樱花装饰。

*1995 年 7 月，为江户友禅染色家中野忠男的个展庆祝会创作的作品。

早星

这是用日式材料制作的和风鸡尾酒之一。由于材料中含西瓜，是六月中旬到八月供应的季节性酒款，所以每年这个时节，专程前来品尝的客人不在少数。

创作时，我从材料开始构思，这也是创作和风鸡尾酒的要点。说到日本夏天的水果，一定少不了西瓜。虽然日本人几乎没有喝西瓜汁的习惯，但我试着用布挤出果汁，竟出现了非常浓烈的颜色，让我眼前一亮。我尝了一口，灵感从天而降，觉得梅酒肯定是西瓜汁的好拍档，所以决定使用这两种日式材料。

我选择的梅酒是以白兰地为基酒的俏雅黑金（Choya Black）。其特点是比同品牌的其他产品更甘甜，并且原料含白兰地，所以口味醇厚。基酒则用甲类烧酒[1]。甲类烧酒一般称为日式无色蒸馏酒（ホワイトリカー/white liquor），但如果在酒吧调制，用更常见的材料伏特加也无妨。

我用烧酒提高酒精度数，用梅酒让口感更饱满，再用西瓜汁丰富口味。

而让整款酒的风味更鲜明的是柠檬汁的酸味。我通过使用比青柠

1 根据日本酒税法规定，烧酒分为甲类和乙类，甲类又称为“连续式蒸馏烧酒”，以废糖浆或酒糟在塔式蒸馏器中蒸馏得到高浓度乙醇，再兑水所得。——译者注

烧酒（甲类）1/3
梅酒（俏雅黑金）1/3
鲜西瓜汁 1/3
鲜柠檬汁 1 茶匙

载杯

鸡尾酒杯

西瓜切小块，用布挤出果汁。将烧酒、梅酒、鲜西瓜汁、鲜柠檬汁加入摇酒壶中摇和，注入鸡尾酒杯。

*1989 年夏，为撰写《鸡尾酒手账》（カクテルノート，柴田书店出版）创作的作品。

更酸的柠檬来充分烘托甜味。

最近市面上也出现了西瓜利口酒，可以少量加入，增添果香。但它的风味毕竟人工痕迹较重，使用时切忌过量。

由于西瓜是鲜红色的，我用夏日夜空中天蝎座的星星之一、发出红色光芒的旱星[1]为它命名。旱星的另一个名字是“酒醉星”。

---

1 即心宿二（天蝎座 α）。“旱星”在日语中也是夏天的季语。——译者注

惜秋

L'OSIER 酒吧装修后，为了招揽客人，我们再次举办了鸡尾酒促销会。装修后的第二年秋天，我为促销会创作的作品就是惜秋。这是以日本的四季为主题创作的鸡尾酒之一。

我把这件作品的主题定为冬日将近时日益浓重的秋意，而不是初秋的爽朗。酒杯上点缀着一片变作鲜红、即将飘落的红叶，将最后的秋韵——满山红叶如火如荼的胜景烙印在了品酒人心中。

与深红相衬的是苔绿（moss green）。我决定化用国王谷中用到的威士忌和蓝色橙皮酒混色的实例，调出微妙的色彩。

要想调出浓绿，威士忌的颜色太浅，所以我以口味、色彩更浓烈的琥珀色干邑白兰地为基酒，加上黄李利口酒的黄色，精心调制出秋意深重的色彩。

我用鲜青柠汁体现酸味。青柠的特点是，酸味比柠檬更柔和，风味鲜明，能带来清澈的爽快感。而柠檬的特点就是强烈的酸味。挑选酸味材料时，如果能考虑到青柠和柠檬各自的特点，就能充分发挥酸味的效果。

至于点缀酒杯的红叶，我会在深秋时节一次性收集、洗净，晾干水分后压平保存，足够店里使用一年。

作品完成后取名惜秋。惜秋，留恋秋日——酒名恰如其分。我创作

干邑白兰地（轩尼诗 V.S.）2/4
黄李利口酒（奥德斯洛）1/4
鲜青柠汁 1/4
蓝色橙皮酒（波士）1 茶匙
红叶

载杯
鸡尾酒杯

将干邑白兰地、黄李利口酒、鲜青柠汁和蓝色橙皮酒加入摇酒壶中摇和，注入鸡尾酒杯。

*1991 年，为装修后重新开业的 L'OSIER 酒吧秋季鸡尾酒促销会创作的作品。

以日本四季为主题的和风鸡尾酒时，常用俳句的季语[1]取名。这款酒的名字也来自季语集。

---

1 季语是日语中表现季节特征的特定词语，在连歌、俳句等日本诗歌中必须加入时令季语，以表现四季风物。——译者注

雪落山茶

这是1994年我为L'OSIER酒吧冬季鸡尾酒促销会创作的作品。在这款酒中，我试图营造丝绵般的白雪堆积在鲜红的山茶花上的情景。

我看了十朱幸代主演的戏剧《冬日山茶》(冬の椿)后，想到了“雪落山茶”(雪椿)这个名字，就从酒名出发，开始构思。作品用山茶花和白雪象征日本的冬景，采用略带暖意，又充满冬日风情的配色。

雪落山茶以1974年创作的山茶花(花椿)为蓝本。山茶花以白兰地为基酒，加入覆盆子利口酒、黑加仑利口酒、鲜青柠汁摇和调制。由于覆盆子、黑加仑利口酒当时才刚上市，这样的组合给酒款带来了新鲜又饱满的风味。

而雪落山茶则将山茶花的白兰地换成伏特加，调出澄清的深红，如同开在寒风里的山茶，更反衬出积雪的白色。

鲜奶油浮在酒液最上层。如果酒液太酸，奶油会凝固，所以调制时我压低了酸度。

另外，鲜奶油应轻柔打发，充入空气，使其尚能流动、质地轻盈，这样就能在酒液表层形成清晰美观的分层。我建议大家尽量使用乳脂肪含量较高的鲜奶油，这样口味更醇厚。

伏特加（斯米诺）3/6
覆盆子利口酒（加布里埃尔·布迪耶）1/6
黑加仑利口酒（乐加）1/6
鲜奶油 1/6

载杯

鸡尾酒杯

将伏特加、覆盆子利口酒、黑加仑利口酒加入摇酒壶中摇和，注入鸡尾酒杯。轻轻打发鲜奶油，沿吧勺匙背铺满酒液表层。

*1994 年冬，为 L'OSIER 酒吧冬季鸡尾酒促销会创作的作品。

| 珊瑚杯 |

宇宙珊瑚

这是使用珊瑚杯镶边的四大作品之一。我根据酒款名的首字母，将该作品命名为“C&C”。

当时我已经创作了城市珊瑚。研制第二个作品宇宙珊瑚时，我想打造一个系列作品，所以设计了以下共通点:①使用不同的无色蒸馏酒;②使用鲜西柚汁；③掺入汤力水稀释；④用珊瑚杯镶边装饰杯身，并采用不同的酒液和镶边配色；⑤用C开头的单词来命名。

因为这一款是为秋季促销会创作的作品，所以我首先从季节特征出发，挑选C开头的词语。说到秋天，就想到秋夜。我从群星闪烁的夜空获得灵感，把作品主题定为C开头的“宇宙”(cosmic)。

秋天的夜空应是深蓝色，就像把黑暗溶进了蓝天。我决定调成1984年我创作迷雾时发现的墨蓝色。向波士牌蓝色橙皮酒加入少量红石榴糖浆，就能加深蓝色，形成这种墨蓝。

与墨蓝相衬的是红色珊瑚杯。我用红石榴糖浆，让红色的“珊瑚礁”悬浮在杯身上，宛如夜空中闪耀的心宿二。如果不能调出浓烈的墨蓝，就烘托不出这红色，所以调色的关键在于让墨蓝足够鲜明。

另外，制作珊瑚杯时，由于红石榴糖浆较为浓稠，可以稀释后再使用，这样盐边才会均匀美观。

伏特加（斯米诺）30 毫升
蓝色橙皮酒（波士）20 毫升
鲜青柠汁 10 毫升
红石榴糖浆（明治屋）1 茶匙 +
珊瑚杯所需用量
汤力水 适量

载杯

珊瑚专用杯（常温）

使用珊瑚专用杯、红石榴糖浆和盐制作珊瑚杯镶边。将伏特加、蓝色橙皮酒、鲜青柠汁、红石榴糖浆加入摇酒壶中摇和，注入酒杯。注满汤力水，加入 2 ～ 3 颗摇酒壶内的冰粒。水线应与珊瑚杯的红色部分齐平。

*1985 年为 L'OSIER 酒吧秋季鸡尾酒促销会创作。

本来应该再加入西柚汁，但西柚汁的黄色会导致酒液颜色变浑。无奈之下，我只能改为加入鲜青柠汁。这也是本系列中唯一使用青柠汁的作品。

神泉珊瑚

鸡尾酒的酒名要让人心驰神往，所以我常参考电影、戏剧、传说、神话等材料。这个作品也是如此，酒名出自希腊神话中的一处神泉[1]。我总要下很大功夫，才能找到符合季节特征、酒款意境、首字母又是C的词语。

创作C&C系列的第三个作品时，我计划使用前两个作品没有用过的白朗姆作为基酒，用绿色的珊瑚杯镶边。

绿色利口酒有哈密瓜利口酒、薄荷利口酒、香蕉利口酒等，但薄荷和香蕉的香气、口味太独特，所以我选用蜜多丽哈密瓜利口酒。正如前文所述，珊瑚杯需要蘸盐，所以上色时蜜多丽的颜色会变浅，变成粉绿色。为了加深绿色，我在蜜多丽中加入少量蓝色橙皮酒，作为补色材料，精心制作出鲜亮的绿色。

与绿色珊瑚杯相配的鸡尾酒应该是粉红色的。正值春季促销会，所以我加入草莓利口酒，用绿色的“珊瑚礁”环绕色彩轻盈柔美的酒液。作品完成后，如同花朵绽放的粉色映衬着新叶般的绿，带来满目春意。

关于用作基酒的白朗姆，当时我用的是百加得牌，现在则用柠檬哈特牌来制作。

---

1 可能指德尔斐的神泉卡斯塔利亚（Castalian Spring）。根据古罗马诗人拉克坦提乌斯·普拉基都斯（Lactantius Placidus）的记述，泉水由仙女卡斯塔利亚变化而成，可用来冲洗祭坛，喝下后能激发诗人的才思。——译者注

白朗姆（柠檬哈特）20 毫升
草莓利口酒（Pagès Vedrenne，译作帕杰维尼）20 毫升
鲜西柚汁 20 毫升
红石榴糖浆（明治屋）1 茶匙
汤力水 适量
哈密瓜利口酒（蜜多丽）用于制作珊瑚杯

载杯

珊瑚专用杯（常温）

使用珊瑚专用杯、哈密瓜利口酒和盐制作珊瑚杯镶边。将白朗姆、草莓利口酒、鲜西柚汁、红石榴糖浆加入摇酒壶中摇和，注入酒杯。注满汤力水，加入 2 颗～ 3 颗摇酒壶内的冰粒。水线应与珊瑚杯的绿色部分齐平。

*1986 年为 L'OSIER 酒吧春季鸡尾酒促销会创作。

水晶珊瑚

C&C 系列起初是三部曲，但既然有了夏天的城市珊瑚、秋天的宇宙珊瑚和春天的神泉珊瑚，自然也该推出属于冬天的珊瑚鸡尾酒。当时我需要为发行于东京银座的小型杂志《银座百点》撰稿，趁此机会创作了这款酒。

冬天→雪→结晶→水晶……因为有这样的联想，我为作品取名“水晶珊瑚”。

雪的颜色当然是白色。但下雪时，尤其是白天的暴风雪，其实略带浅蓝色。

基酒使用了第四种无色蒸馏酒龙舌兰酒。为酒液上色时仅使用少量蓝色橙皮酒，此外还用了没有上色效果的君度。这杯酒的调色，重在精确掌握蓝色橙皮酒的用量。我想突出冰冷的意象，调出水晶的颜色，所以决不能加入过量的蓝色橙皮酒。

制作珊瑚杯时用到了君度，不给盐边上色，让珊瑚杯宛如洁白冰冷的雪。

调酒所用的酒杯通常要提前冷藏冰杯，但制作珊瑚杯时，不需要冰杯。因为如果事先冷藏，水滴会凝结在杯壁上，很难均匀地蘸盐，将严重影响珊瑚杯的美观度。

龙舌兰酒（索查）20 毫升
鲜西柚汁 20 毫升
君度 20 毫升 + 珊瑚杯所需用量
蓝色橙皮酒（波士）1/2 茶匙
汤力水 适量

载杯

珊瑚专用杯（常温）

使用珊瑚专用杯、君度（无色橙皮酒）和盐制作珊瑚杯镶边。将龙舌兰酒、君度、鲜西柚汁、蓝色橙皮酒加入摇酒壶中摇和，注入酒杯。注满汤力水，加入 2 ～ 3 颗摇酒壶内的冰粒。水线应与珊瑚杯的镶边部分齐平。

*1991 年为《银座百点》撰稿时创作。

珊瑚 21

此处介绍的酒款虽然不属于 C&C 系列，但也使用了珊瑚杯镶边。

我一直想挑战自我，创作一款以利口酒为基酒、使用珊瑚杯镶边的鸡尾酒。1998 年我得到了一个宝贵机会，在 C.C.S. 会刊的 5 月号刊上发表以君度为基酒的自创鸡尾酒。

于是，我把 C&C 系列中一贯用作基酒的无色蒸馏酒换成君度，为表现即将到来的 21 世纪，调出了能令人联想到宇宙的色彩。

设计 C&C 四款作品各自的珊瑚杯时，我着重让珊瑚杯的颜色在酒液衬托下鲜艳、醒目。而制作这个作品的珊瑚杯时，我使用了呈浅粉色、香气浓郁的百香果利口酒帕索亚（Passoã）。这款酒中，珊瑚杯不仅让酒款外形更优美，还能给鸡尾酒增香。这一特点也让珊瑚 21 区别于 C&C 系列作品。

这些使用珊瑚杯镶边的作品可以注入笛形香槟杯饮用。我则定制并使用珊瑚专用杯。它在香槟杯的基础上有所改进，尤其适合制作珊瑚杯镶边。其特点是杯身下部形状比笛形香槟杯更饱满、圆润。现在我调制任何珊瑚杯镶边的酒款时，都使用这种酒杯。可以在 TENDER 酒吧购买珊瑚专用杯。

君度 30 毫升
鲜西柚汁 20 毫升
蓝色橙皮酒（波士）10 毫升
汤力水 适量
帕索亚（君度）用于制作珊瑚杯

载杯

珊瑚专用杯（常温）

使用珊瑚专用杯、帕索亚（百香果利口酒）和盐制作珊瑚杯镶边。将君度（无色橙皮酒）、鲜西柚汁、蓝色橙皮酒加入摇酒壶中摇和，注入酒杯。注满汤力水，加入 2 颗～ 3 颗摇酒壶内的冰粒。水线应与珊瑚杯的镶边部分齐平。

*1998 年 5 月创作，发表在 C.C.S. 会刊上。

| 其他 |

M-30 雨

那一年我参加了向名人赠送自创鸡尾酒的活动。我送给作曲家兼演员坂本龙一先生的，正是这款 M-30 雨。

当时，坂本先生出演电影《末代皇帝》，并参与电影配乐工作。这部电影备受关注，是当年获多项奥斯卡奖的热门影片。电影插曲共 44 首，我以坂本先生最喜爱的第 30 首《雨》作为这杯酒的主题。M 是曲目编号（music number）的缩写。

首先，我向坂本先生了解了他对酒有何喜好。创作赠送给个人的鸡尾酒时，最重要的就是要调出对方喜欢的口味。坂本先生偏好清澄爽口的味道，所以我构思时也考虑到了这一点。

这款酒的原型是 M-45[1]。那是坂本先生喜欢的酒款，所以我打算沿用那款酒的思路来调味，材料配比是四比一比一。

接着我决定用鸡尾酒的色彩来模仿连绵不断的雨。在我的想象中，那不是鲜亮的水蓝，而是如同泪雨般近乎灰色的灰绿（利休鼠[2]）。为了调制这种色彩，我使用了西柚利口酒和极少量的蓝色橙皮酒。西柚

---

1 即作者的自创鸡尾酒 M-45 昴（见第 186 页）。——译者注

2 利休鼠是日本传统色彩名之一，指微微发绿的深灰色。因为在经典歌曲《城岛之雨》（城ヶ島の雨，1913 年）中用来形容雨的颜色而为人所熟知。——译者注

伏特加（斯米诺）4/6
西柚利口酒（施佩希特）1/6
鲜青柠汁 1/6
蓝色橙皮酒（波士）1/2 茶匙

载杯
鸡尾酒杯

将伏特加、西柚利口酒、鲜青柠汁、蓝色橙皮酒加入摇酒壶中摇和，注入鸡尾酒杯。

*1988 年秋，为赠送给作曲家坂本龙一而创作。

利口酒的风味清爽而微苦，少量使用，就能凸显蕴藏于酒液中的味道。如果说《雨》表达了克制的悲伤，那么这苦味正呼应了乐曲主题。

需要注意的是蓝色橙皮酒的用量。如果一味为了体现悲伤，过量加入，出现的就不再是雨的颜色，而会变成水蓝色。建议一点点加入，不够再补加，这样更稳妥。

蓝色之旅

插画家川口圣子[1]想请我用她最喜欢的龙舌兰酒调制一杯鸡尾酒。为此我即兴创作的，就是这杯蓝色之旅。

那天晚上，她穿了一身鲜亮的钴蓝色衣服，充满夏日气息。那颜色令我印象深刻，正巧也是我喜欢的颜色，所以决定把酒液调成和她的服装一样的色彩。

女性客人点单时，我常用鸡尾酒的颜色呼应她们的服装或戒指、耳环等首饰。

但如果一味讲究颜色和酒名，疏忽了调味，就本末倒置了。要永远把口味放在第一位。切记，颜色和酒名对一款鸡尾酒来说只是锦上添花，目的是进一步打动客人。

关于调色目标——钴蓝。我有把握用蓝色橙皮酒和鲜青柠汁调出绿色。但仅凭这两种材料,无法调出和服装一致的颜色。我在此基础上，加入蜜多丽来强化色彩，使酒液呈现出鲜艳的钴蓝，令人惊叹。

这种色彩需要精确调制。只要蜜多丽的用量稍有偏差，整款酒的色调就会大不相同。酒谱中用量为 1 茶匙，但其实不满 1 茶匙，接近半茶匙，所以不要使用过量。

1　日文原名为かわぐちせいこ（Kawaguchi Seiko）。——译者注

龙舌兰酒（索查）4/6
蓝色橙皮酒（波士）1/6
鲜青柠汁 1/6
哈密瓜利口酒（蜜多丽）
1 茶匙

载杯

鸡尾酒杯

将龙舌兰酒、蓝色橙皮酒、鲜青柠汁、哈密瓜利口酒加入摇酒壶中摇和，注入鸡尾酒杯。

*1987 年夏，为插画家川口圣子即兴创作。

为欣赏酒液美丽动人的色彩，比起瘦高的酒杯，杯型饱满、能显出酒液分量的酒杯更适宜。

香港随想

有位客人请我调制一款使用白兰地的鸡尾酒，为此我献上了这杯翠绿的香港随想。

那时，我决定用蓝色橙皮酒搭配客人指定的白兰地，调出绿色。因为我要在受赠者面前即兴调制，所以出人意料的变色效果将使调酒过程分外赏心悦目。

但如果只用这两种酒，鸡尾酒的色泽会显得暗淡，无法让人眼前一亮。为此我加入了那位客人喜爱的一种酒，即用草药制作的利口酒——查特酒，为酒液增添了光彩。用有深厚传统的利口酒创作新款鸡尾酒，对我来说也是一场挑战。

客人看到这深邃的绿，将它比作翡翠，从而想到香港，就为它取名“香港随想”。

虽然使用了白兰地和查特酒这两种甜度较高的材料，但我通过加入鲜青柠汁，成功控制了甜度。

迎合品酒人的喜好来调味，是赠送鸡尾酒绝对要遵循的前提。这也意味着其他人品尝只为某个人调制的私人专属鸡尾酒时，并不一定觉得好喝。为其他客人调制时，当然必须调整配方。

将私人专属鸡尾酒献给客人后，客人再次光临时，我会把酒谱写在符合酒款意境的明信片上，送给客人。对我来说，这个过程非常有趣，

干邑白兰地（轩尼诗 V.S.）4/6
黄色查特酒 1/6
鲜青柠汁 1/6
蓝色橙皮酒（波士）1茶匙

载杯
鸡尾酒杯

将干邑白兰地、查特酒、鲜青柠汁、蓝色橙皮酒加入摇酒壶中摇和，注入鸡尾酒杯。

*1994年春，将这款酒赠送给一位喜爱鸡尾酒的男性客人。

丰富了我的创作，也给客人带来了许多欢乐。

据说这位客人也让其他相熟的酒吧按相同配方调制，但很难调出一模一样的颜色。

渔夫与子

对着吧台的灯光看这杯鸡尾酒，只见杯中的海蓝色带着一抹绿色，像在海里仰望阳光普照的海面。

一位男性客人请我调制一杯鸡尾酒，用来纪念生前在海上当渔船主的父亲。根据他的要求，我送出了这杯渔夫与子。酒名充分体现了这杯酒的意义。

定下酒名后，我决定以大海作为创作主题。说到大海，自然想到朗姆酒。我套用了短饮鸡尾酒的基本配比四比一比一，调制出以朗姆酒为基酒、类似于得其利的清爽口味。

为了表现闪闪发光的大海的颜色，我选择用两款利口酒来上色、增加甜味——波士顶级香橙利口酒（橙色橙皮酒）和蓝色橙皮酒。为了让人联想到海水带着一层淡绿的色彩，我混合了香橙利口酒的浅琥珀色和蓝色。酒谱中蓝色橙皮酒的用量为1茶匙，但建议稍微多加一些。

酒谱中的“1茶匙”，其实可以在一定范围内变动，用量的差异常常导致调不出预期的颜色。这时，首先要在脑海中想象出一种色彩，调制时适当集中精神，不要过分紧张。

白朗姆（百加得）4/6
顶级香橙利口酒（波士）1/6
鲜青柠汁 1/6
蓝色橙皮酒（波士）1 茶匙

载杯

鸡尾酒杯

将白朗姆、顶级香橙利口酒（橙色橙皮酒）、鲜青柠汁、蓝色橙皮酒加入摇酒壶中摇和，注入鸡尾酒杯。

*1994 年夏，为献给一位客人而创作，用来纪念他的父亲。

丽波

一杯浅黄色的鸡尾酒，看上去无比清爽。我根据江波杏子女士的名字“杏子”，选用了一种杏子白兰地——杏子利口酒。

我决定等量加入橙色的杏子利口酒和绿色的蜜多丽，调出黄色。丽波没有直接使用呈现预期颜色的材料，而是混合了其他颜色。它和国王谷一样，都是采用混色手法的成功范例（参见第130页《混色》），能让人感受到鸡尾酒调色的奥妙。

作品凸显了江波女士喜爱的金酒的风味。我用两种利口酒上色、加入甜味，但由于利口酒甜度低于糖浆，所以不会甜腻，而是口味清爽，如同上色版的吉姆雷特。

因为加入了金酒和鲜青柠汁，所以利口酒的颜色变得更柔和，成品色泽更有女性特质。

创作鸡尾酒的同时，我也着力构思酒名。在希腊语中，“波浪”是“kυμα”。我在前面加上“美丽的”一词，也就是“ kαλοζ”，命名为“ Kαλοζ Kυμα”。就这样，作品成了一款既和美丽的江波女士相衬，也让我十分满意的鸡尾酒。

酒谱中杏子利口酒和蜜多丽用量相同，但蜜多丽少加一点会更好。

干金酒（哥顿）3/4
鲜青柠汁 1/4
杏子利口酒（乐加）1 茶匙
哈密瓜利口酒（蜜多丽）1 茶匙

载杯

鸡尾酒杯

将干金酒、鲜青柠汁、杏子利口酒（杏子白兰地）、哈密瓜利口酒加入摇酒壶中摇和，注入鸡尾酒杯。

*1992 年夏，在 NHK 电视节目《妇人百科》中，为献给女演员江波杏子而创作。

奇迹

那是8月里一个炎热的日子。一位常客和往常一样，坐在吧台前，向我讲述了当天发生的一件奇迹般的事。那一天对客人来说值得纪念，所以我将这杯奇迹送给他。

在创作用作赠礼的鸡尾酒时，必须参透受赠者的喜好。而从前我已经通过和这位客人交流，创作出了多款优秀作品。

这位客人尤其爱喝吉姆雷特。那天他希望调制一杯比吉姆雷特更上一层楼、风味新颖的鸡尾酒。

我把干金酒作为基酒，并使用当时刚引进日本不久的黄李利口酒，给酒款加入黄色这种特别的色彩，也通过谐音呼应了酒名“奇迹”。

接着我用1茶匙黑樱桃利口酒让香气和口味更独特。一些古典酒款就会用黑樱桃利口酒、查特酒等来增加特殊风味。

关键是，加入黑樱桃利口酒时，万万不可盖过金酒的清香，只要留下一丝回味即可。黑樱桃利口酒的口味十分独特，因此如果客人是第一次喝，可以少加一点，如果已经习惯了它的味道，可以相应多加。建议根据客人的情况微调黑樱桃利口酒的用量。

就这样，这1茶匙黑樱桃利口酒的魔力让吉姆雷特出现了新的奇迹。

干金酒（哥顿）4/6

黄李利口酒（奥德斯洛）1/6

鲜青柠汁 1/6

黑樱桃利口酒（Luxardo，译作路萨朵）1 茶匙

载杯

鸡尾酒杯

将干金酒、黄李利口酒、鲜青柠汁、黑樱桃利口酒加入摇酒壶中摇和，注入鸡尾酒杯。

*1987 年 8 月，在 L'OSIER 酒吧为赠送给一位男性客人而创作。

玛丽亚 · 艾伦娜

在一位精通鸡尾酒的客人的要求下，我创作了这个作品。通过和他对话，我推出了多款上乘的鸡尾酒。第176页介绍的奇迹也是其中之一。

像这样，遇见能就鸡尾酒深谈一番的客人十分重要。与几位这样的客人相识，会成为调酒师宝贵的财富。因为调酒师常在和客人交流的过程中，构思出一些独立创作时绝对想不到的鸡尾酒。

言归正传，玛丽亚·艾伦娜是西班牙裔女性的名字，也是爵士乐经典曲目。客人曾在古巴遇到一位名叫玛丽亚·艾伦娜的女性。

因为舞台在加勒比海，所以基酒选择了客人喜欢的当地特产朗姆酒。他酒量奇好，所以我想充分体现朗姆的劲道，并在浓烈的酒精余韵中，留下一抹甘甜，体现一丝凄切。

根据那位女性给客人留下的印象，再加入柔美的桃红味美思。为凸显味美思的香气，我减少了酸味材料用量，用君度增加甜味。

客人品尝后，极为满意，甚至拿来了玛丽亚·艾伦娜专用的酒杯。因为这杯酒是为这位客人特别调制的，酒杯又和酒款意境相符，所以我们破例将那只酒杯放在店里使用。

令人惋惜的是，那位客人英年早逝。对我来说，这件作品和那只酒杯都藏着太多回忆。

白朗姆（柠檬哈特）5/6

桃红味美思（马天尼）1/6

君度 1 茶匙

鲜青柠汁 2 茶匙

载杯

鸡尾酒杯

将白朗姆、桃红味美思、君度（无色橙皮酒）、鲜青柠汁加入摇酒壶中摇和，注入鸡尾酒杯。

*1988 年，一位客人请我调制一杯酒，用来怀念在古巴遇见的女性。我为此创作了这款私人专属鸡尾酒。

拉海纳 45

M–30 雨是这杯鸡尾酒的前身，也是酒工房拉海纳店主栗田和典[1]喜欢的鸡尾酒之一。

而这个作品是为了庆祝拉海纳开业十周年和店主 45 岁生日而创作的。我在参加酒工房拉海纳的庆祝会前准备作品，在现场发表。酒名体现了店名和店主的年龄。

店名“拉海纳”取自夏威夷的地名。据说那里也是著名的观鲸胜地。

我将 M–30 雨的基酒伏特加换成切合拉海纳自然环境、让人联想到大海的朗姆酒，再加上适合搭配无色蒸馏酒的两种材料——西柚利口酒和鲜青柠汁。

一般来说，我按四比一比一的基本配比创作酒款时，另外加入的 1 茶匙利口酒用于增加甜味并上色。而在这款酒中，我用芬兰的越橘利口酒（Puolukka）让整体风味更独特，为鸡尾酒添上一层柔和的香气。

将拉海纳 45 的基酒换成伏特加，或者把 M–30 雨的蓝色橙皮酒换成越橘利口酒，就成了下文将介绍的作品 T–1。

像这样，套用我制作短饮的基本配比四比一比一，诞生了印象、口味各不相同的多个酒款。

1　酒工房拉海纳是位于日本茨城县水户市的一家酒吧，店主栗田和典曾经拜本书作者为师，学习调酒长达十年。——译者注

白朗姆（百加得）4/6
西柚利口酒（施佩希特）1/6
鲜青柠汁 1/6
越橘利口酒（Lapponia，译作拉普尼亚）1 茶匙

载杯

鸡尾酒杯

将白朗姆、西柚利口酒、鲜青柠汁、越橘利口酒加入摇酒壶中摇和，注入鸡尾酒杯。

*1996 年 10 月，为庆祝坐落于水户市的酒吧酒工房拉海纳开业十周年，并纪念店主 45 岁生日而创作。

月亮河

一位男性客人请我根据电影《蒂凡尼的早餐》创作一款鸡尾酒，所以我即兴调制了这杯月亮河。酒名来自电影主题曲的曲名。

①《蒂凡尼的早餐》→②《月亮河》；①《蒂凡尼的早餐》→②纽约→③波本威士忌。我刹那间产生了这两个联想，由此完成了酒款的大致构思。

即使摇和波本威士忌，它也不会像苏格兰威士忌那样产生威士忌特有的涩味，所以最适合用来调制以威士忌为基酒的鸡尾酒。这款酒是为男性客人调制的，所以我选择了风味独特强劲、经得住摇和的老祖父牌。我用君度体现甜味，再加入酸味柔和的西柚汁。

月亮河指的是，月光映照在微波起伏的水面上，形成一道光束的情景。鸡尾酒完成后，柔和的灯光洒在酒液表面漂浮的细密冰晶上，闪着微光，仿佛用酒杯掬起了月亮河。

这款酒的口味虽然更符合男性的喜好，但有一丝甜美、浪漫的色彩，所以建议使用造型圆润的酒杯。

波本威士忌（老祖父）4/6

君度 1/6

鲜西柚汁 1/6

载杯

鸡尾酒杯

将波本威士忌、君度（无色橙皮酒）、鲜西柚汁加入摇酒壶中摇和，注入鸡尾酒杯。

*1985 年秋，为赠送给一位男性客人而创作。

南国絮语

这是一杯极具夏日风情的冰冻型鸡尾酒。因为口味偏甜，酒精度数又低，可以当作冰沙品尝。

在冰冻型鸡尾酒中，香蕉、哈密瓜口味早已受到追捧。我则首次使用了桃子这种有日本风情的水果，体现丰美润泽的季节风情。

我制作的冰冻型鸡尾酒的特征是,成品的质感如同丝绒,细腻柔滑。要想形成这样的质感，不能使用柠檬、橙子、西瓜等果汁和果肉容易分离的水果，而应该选用搅打后果汁果肉融为一体、质地黏稠的水果，这样口感才更顺滑。

要调出一杯美味的冰冻型鸡尾酒，关键就是冰和酒的比例。如果比例不适宜，就不能体现冰冻型鸡尾酒本应具备的美味。一开始加入搅拌机的冰块用量，如果放进 8 盎司[1]高球杯里，大概是七成满。建议不够时再补加冰块。完成情况可以通过搅拌机的响声来判断。虽然不同型号的机器响声有差别，但如果响声变得连贯、流畅，就说明搅打到位了。如果能搅打出细腻的质地，冰和水分就不容易互相分离，直到最后一口都味美如初，不会变得寡淡。

---

1 在日本，用盎司来计量酒类体积时，常按照 1 盎司 =30 毫升来换算。此处 8 盎司约合 240 毫升。——译者注

伏特加（斯米诺）20 毫升
糖渍白桃 半只
桃子利口酒（奥德斯洛）20 毫升
白桃糖浆 10 毫升
红石榴糖浆（明治屋）10 毫升
碎冰 适量

载杯
冰激凌杯

将伏特加、糖渍白桃、桃子利口酒、红石榴糖浆、碎冰加入搅拌机搅打，直到变成沙冰状。注入冰激凌杯，插入吸管和勺子。另外，也可以将糖渍白桃、桃子利口酒、白桃糖浆和红石榴糖浆一起搅打，作为含果泥的桃子汁备用，这样更方便。桃子汁可以冷藏保鲜 3～4 天。

*1991 年夏，为 L'OSIER 酒吧促销会创作。

最后，除了吸管我还插入勺子，让客人能像品尝冰沙一样享用。举办促销会时，我将成品倒进冰激凌杯，再用新鲜桃子片点缀。

我把 1984 年夏季促销会时创作的作品名“夏日絮语”（Summer Whisper）稍加改动，就得到了这一款的酒名。

M-45 昴

秋季鸡尾酒促销会的主题是“宇宙”。在我的作品中，有好几款都与夜空中的繁星有关，比如宇宙珊瑚、旱星等。这件作品也是其中之一。它由基酒、甜味和酸味材料这三大元素构成，可以说是我此后创作的几款鸡尾酒的原型。在这款酒的基础上，陆续诞生了M-30雨、拉海纳45和T-1等鸡尾酒。

在促销会中，我们通常会按照酒精度数高、中、低分别准备酒款。这一款是作为酒精度数较高、男性特质较强的鸡尾酒来创作的。

当时拉普尼亚牌越橘利口酒刚引进日本，所以我非常想把它作为甜味材料，用在促销会的作品中。

这种原产于芬兰的越橘利口酒能给成品增添优雅的酸味。我选择用伏特加作为基酒来搭配，烘托出利口酒的独特魅力。

至于酸味材料，我选用风味有层次、香气柔和丰富的鲜青柠汁。使用鲜青柠汁也是我的自创鸡尾酒的一大特点。

这次创作过程中最艰难的环节要数命名。在法国人夏尔·梅西耶（Charles Messier）编写的星团星云列表中，“昴”指含有6颗亮星、编号为45的昴星团。这个名字是资生堂的一位女性员工提议的。“昴”也是歌手谷村新司作词、作曲的歌曲名。这个名字也因为这首歌大受欢迎而一跃成名。

伏特加（斯米诺）4/6

越橘利口酒（拉普尼亚）1/6

鲜青柠汁 1/6

载杯

鸡尾酒杯

将伏特加、越橘利口酒、鲜青柠汁加入摇酒壶中摇和，注入鸡尾酒杯。

*1985 年，为 L'OSIER 酒吧秋季促销会创作。

草莓华章

“Frais Richesse”在法语中指“华贵的草莓”。当时香槟突然广受关注，所以我使用偏干的香槟，加上适合与其搭配、充满春意的新鲜草莓，调制成一款奢华的鸡尾酒，呼应了酒名。

这款酒的卖点在于香槟细腻的香味与口味、草莓天然的色彩和果香。为了尽量凸显这些特点，一定要注意控制红石榴糖浆的用量。红石榴糖浆的作用仅限于补充草莓利口酒的甜味、草莓果汁的色泽，所以要尽可能少加，适可而止。

加入搅拌机时，应该保留一些果肉，让品酒人能感受新鲜草莓的口感。

材料中的香槟和草莓不必选择特定品牌、品种。比起材料本身的口味，更应该重视调制鸡尾酒时的要点。因此只要是天然干（brut）的香槟，任何品牌都可以。

草莓也是如此。使用当季的新鲜草莓即可，不必在意品种和大小。不过，因为要搭配天然干香槟，所以建议用偏甜的草莓，避免用太酸的品种。

举办促销会时，我使用笛形香槟杯出品。其实较大的葡萄酒杯、小型的高脚酒杯等，也都适合品尝这款酒。

草莓利口酒（帕杰）20 毫升
草莓 3 颗
红石榴糖浆（明治屋）2 茶匙
天然干香槟 适量

载杯

葡萄酒杯

将草莓利口酒、草莓、红石榴糖浆加入搅拌机搅打，注入葡萄酒杯或笛形香槟杯。注满冰凉的香槟。举办促销会时，我事先将新鲜草莓和红石榴糖浆搅打成含果泥的草莓汁，直接用来调酒。搅打时应保留草莓果肉的口感。为了避免香味、颜色变淡，果泥草莓汁要当天使用。

*1984 年春，为 L'OSIER 酒吧促销会创作。

金雾

金雾（Brume d'or）是为庆祝一位男性客人的生日而创作的。因为这是一杯喜庆的鸡尾酒，所以我决定使用香槟，让金箔在酒液中浮动，营造华美的氛围。

首先这款酒的卖点是，利用香槟的气泡来展现华丽的金箔。为此，重点在于要精心调色，让酒液烘托出金箔之美。我使用蓝色橙皮酒、西柚汁和香槟，令酒液呈现出蓝绿之间鲜亮的中间色。

“Brume”指雾、气泡或气体，“d'or”指黄金。金箔在硬摇法的震荡下碎成细小的粉末，小气泡从随后注入的香槟里冒出，让金箔上浮至笛形香槟杯的杯口，仿佛给酒杯戴上了一顶黄金王冠。如果香槟的气泡足够新鲜有力，酒液表面会在杯口隆起，所以要尽量使用刚开瓶的香槟。

调味则以 1988 年的作品天使（君度 10 毫升、鲜西柚汁 30 毫升、红石榴糖浆 1 茶匙、香槟适量）为基础。那是一款用香槟和鲜果汁调成的开胃酒。

而在金雾中，我用蓝色橙皮酒替换红石榴糖浆。它的酒精度数不高，口味也没有过于强烈的个性，几乎人人都能接受。所以我至今还常用这款酒为许多客人庆祝生日，他们品尝后也赞不绝口。

君度 10 毫升
鲜西柚汁 30 毫升
蓝色橙皮酒（波士）1 茶匙
金箔（食用）
天然干香槟适量

载杯

笛形香槟杯

将君度（无色橙皮酒）、鲜西柚汁、蓝色橙皮酒、金箔加入摇酒壶中摇和，注入笛形香槟杯，注满香槟。

*1989 年，将这款酒赠送给客人，庆祝他的生日。

TENDER 系列

在创作这个系列之前，我的自创鸡尾酒大多是为参加比赛、举办促销会或者赠送给客人而研制的。我首次为自己的店铺创作的 12 款鸡尾酒，就形成了这个 TENDER 系列。

我从 TENDER 借用首字母 T，1998 年为一周年店庆创作了 T-1，两周年时则创作了 T-2。就这样随着时间流逝，一款一款积累出了这些有纪念意义的鸡尾酒。

我刚着手构思这个系列时，就开始思考创作规则。研制第 3 个作品时，我选择朗姆酒为基酒，从此创作规则也清晰起来。也就是说，以我的短饮鸡尾酒的基本配比——四比一比一为基础，在 TENDER 系列中体现如下特色：①由于无色蒸馏酒方便上色、增添其他风味，灵活度高，所以选择它作为基酒；②全部使用鲜青柠汁作为酸味材料；③发挥我的强项，也就是给酒液颜色增加微妙的变化。

我决定使用伏特加、金酒、朗姆酒这 3 种作为基酒，色彩则限定为红、黄、蓝、绿 4 色，用 12 杯酒构成一个作品，最终形成一个矩阵式系列作品。龙舌兰酒个性太强，所以没有用在本系列中。

系列作品中有几款酒独具特色。T-3 和 T-7 这两杯分别使用榛子和百香果利口酒，口味和香气都有强烈的回味。将酒液含在嘴里和咽下后，将会感受到不同的风味。

从调色角度来看，T-6 的黄色和丽波（参见第 174 页）一样，使用了杏子利口酒和蜜多丽来混色。

2009 年，随着小店迎来十二周年店庆，TENDER 系列也以一杯 T-12 画上了句号。

T-1 TENDER one

伏特加（斯米诺）4/6
西柚利口酒（施佩希特）1/6
鲜青柠汁 1/6
越橘利口酒（拉普尼亚）1 茶匙

载杯

鸡尾酒杯

向摇酒壶加入伏特加、西柚利口酒、鲜青柠汁、越橘利口酒摇和，注入鸡尾酒杯。

T-2 TENDER two

干金酒（哥顿）4/6
君度 1/6
鲜青柠汁 1/6
黄李利口酒（Maurin，译作莫林）1 茶匙

载杯

鸡尾酒杯

向摇酒壶加入干金酒、君度（无色橙皮酒）、鲜青柠汁、黄李利口酒摇和，注入鸡尾酒杯。

T-3 TENDER three

白朗姆（柠檬哈特）4/6
榛子利口酒（Barbero，译作巴尔贝罗）1/6
鲜青柠汁 1/6
蓝色橙皮酒（波士）1 茶匙

载杯

鸡尾酒杯

将白朗姆、榛子利口酒、鲜青柠汁、蓝色橙皮酒加入摇酒壶中摇和，注入鸡尾酒杯。

T-4 TENDER four

伏特加（斯米诺）4/6
黄李利口酒（莫林）1/6
鲜青柠汁 1/6
蓝色橙皮酒（波士）1 茶匙

载杯

鸡尾酒杯

将伏特加、黄李利口酒、鲜青柠汁、蓝色橙皮酒加入摇酒壶中摇和，注入鸡尾酒杯。

T-5 TENDER five

干金酒（哥顿） 4/6
柑曼怡 1/6
鲜青柠汁 1/6
马天尼苦精（马天尼） 1 茶匙
载杯
鸡尾酒杯

将干金酒、柑曼怡（橙色橙皮酒）、鲜青柠汁、马天尼苦精加入摇酒壶中摇和，注入鸡尾酒杯。

T-6 TENDER six

白朗姆（柠檬哈特） 4/6
杏子利口酒（乐加） 1/6
鲜青柠汁 1/6
哈密瓜利口酒（蜜多丽） 1 茶匙
载杯
鸡尾酒杯

将白朗姆、杏子利口酒（杏子白兰地）、鲜青柠汁、哈密瓜利口酒加入摇酒壶中摇和，注入鸡尾酒杯。

T-7 TENDER seven

伏特加（斯米诺）4/6
蓝色橙皮酒（波士）1/6
鲜青柠汁 1/6
百香果利口酒（Cusenier，译作库舍涅）
1 茶匙
载杯
鸡尾酒杯

将伏特加、蓝色橙皮酒、鲜青柠汁、百香果利口酒加入摇酒壶中摇和，注入鸡尾酒杯。

T-8 TENDER eight

干金酒（哥顿）4/6
君度 1/6
鲜青柠汁 1/6
绿茶利口酒（赫尔墨斯）1 茶匙
载杯
鸡尾酒杯

将干金酒、君度（无色橙皮酒）、鲜青柠汁、绿茶利口酒加入摇酒壶中摇和，注入鸡尾酒杯。

T-9 TENDER nine

白朗姆（柠檬哈特） 4/6
西柚利口酒（施佩希特） 1/6
鲜青柠汁 1/6
蔓越莓利口酒（库舍涅） 1 茶匙

载杯

鸡尾酒杯

将白朗姆、西柚利口酒、鲜青柠汁、蔓越莓利口酒加入摇酒壶中摇和，注入鸡尾酒杯。

T-10 TENDER ten

伏特加（斯米诺） 4/6
柑曼怡 1/6
鲜青柠汁 1/6
黄李利口酒（莫林） 1 茶匙

载杯

鸡尾酒杯

将伏特加、柑曼怡（橙色橙皮酒）、鲜青柠汁、黄李利口酒加入摇酒壶中摇和，注入鸡尾酒杯。

T-11 TENDER eleven

干金酒（哥顿）4/6
青苹果利口酒（乐加）1/6
鲜青柠汁 1/6
蓝色橙皮酒（波士）1 茶匙

载杯

鸡尾酒杯

将干金酒、青苹果利口酒、鲜青柠汁、蓝色橙皮酒加入摇酒壶中摇和，注入鸡尾酒杯。

T-12 TENDER twelve

白朗姆（柠檬哈特）4/6
柑曼怡 1/6
鲜青柠汁 1/6
蓝色橙皮酒（波士）1 茶匙

载杯

鸡尾酒杯

将白朗姆、柑曼怡（橙色橙皮酒）、鲜青柠汁、蓝色橙皮酒加入摇酒壶中摇和，注入鸡尾酒杯。

TENDER 酒吧

地址：104-0061东京都中央区银座6-5-16三乐大厦9层
电话：03-3571-8343

摄影：越田悟全、大山裕平（原版图书封面及第193—198页照片）
设计：石山智博
编辑：佐藤顺子